国家自然科学基金面上项目（51874302）资助

煤矿井下超宽带通信及应用关键技术研究

李 鸣 著

中国矿业大学出版社
·徐州·

内容提要

本书系统地研究了煤矿井下超宽带通信及其应用的关键技术,提出了针对煤矿井下巷道环境的超宽带生命探测技术和无线定位方案,并给出了基于改进的经验模态分解方法的超宽带生命探测与定位算法,以及基于带状小区制超宽带两步定位方法模型。最后,利用软件对煤矿井下超宽带无线信道模型、两种煤矿井下超宽带无线接收方案系统性能、煤矿井下超宽带生命探测目标提取算法性能以及煤矿井下超宽带无线定位精度进行了仿真。

图书在版编目(CIP)数据

煤矿井下超宽带通信及应用关键技术研究/李鸣著.

—徐州:中国矿业大学出版社,2022.12

ISBN 978 - 7 - 5646 - 3334 - 9

Ⅰ.①煤… Ⅱ.①李… Ⅲ.①煤矿—矿井通信—宽带通信网—研究 Ⅳ.①TD65

中国版本图书馆 CIP 数据核字(2019)第263421号

书 名	煤矿井下超宽带通信及应用关键技术研究
著 者	李 鸣
责任编辑	潘俊成
出版发行	中国矿业大学出版社有限责任公司
	(江苏省徐州市解放南路 邮编 221008)
营销热线	(0516)83885370 83884103
出版服务	(0516)83995789 83884920
网 址	http://www.cumtp.com E-mail:cumtpvip@cumtp.com
印 刷	苏州市古得堡数码印刷有限公司
开 本	787 mm×1092 mm 1/16 印张 9.5 字数 237 千字
版次印次	2022 年 12 月第 1 版 2022 年 12 月第 1 次印刷
定 价	45.00 元

(图书出现印装质量问题,本社负责调换)

前　言

矿井通信及应用技术是制约煤矿安全生产的关键技术之一。本书针对煤矿井下环境特点，结合地面超宽带无线通信与应用技术的研究成果，对煤矿井下超宽带通信与应用技术进行了系统研究。

超宽带信号作为一种新兴的通信技术，因其大带宽、大容量、低功耗、高速度等优点而得到了广泛的应用。此外，超宽带技术不需要产生正弦载波，结构简单，实现成本低；采用持续时间极短的单周期脉冲占空比极低，抗干扰能力强，功耗低。井下环境不受使用频率的限制，故超宽带技术非常适合在煤矿井下使用。将这一先进的通信技术融入井下监控通信等技术中，必将大大提高井下监控通信的水平。但矿井是一个特殊的受限环境，无线信号的传输存在着大量的反射、散射等现象，设备功率需满足井下防爆的要求。因此，现有的超宽带通信技术不能直接应用于井下。

本书分析了超宽带多径传播特性和穿透性能，研究了超宽带在煤矿井下巷道中传输的特性，建立了煤矿井下超宽带对数路径损耗、高斯阴影衰落、随频率变化的大尺度指数衰落数学模型，以及多径衰落的时延分布模型，指出超宽带信号非常适合在矿井巷道中传输；并简要介绍了主要的超宽带接收技术，提出了两种适合巷道环境的超宽带传输参考技术的改进接收方案，通过仿真分析认为这两种方案相比传统传输参考接收方案在系统性能上有很大提升。

针对超宽带技术在煤矿井下的应用，本书详细研究了其在生命探测和目标定位方面的应用。首先简述了生命探测技术的发展、分类和常用方法以及各方案的优缺点，提出了一种煤矿井下超宽带生命探测原理及系统组成，并针对生命信号这一探测目标，分析了生命探测雷达的回波，建立了生命信号、杂波信号以及回波模型，提出了基于经验模态分解理论的煤矿井下巷道环境的冲激超宽带生命探测雷达的目标提取与定位算法，在较好地实现生命探测的同时，还能对生命体进行定位。其次，本书介绍了煤矿井下无线定位技术原理及常用的方法，提出了一种基于超宽带通信的带状小区制两步定位法及系统组成，分析了该方法的原理、实现步骤、定位模型，介绍了基于这种定位方法的系统组成，以及系统工作流程和各设备的功能，实现了高精度实时目标定位，同时具有一定的抗故障和抗灾变能力。

超宽带技术发展非常快，新技术、新思想不断涌现，本书着重在煤矿井下这一背景下介绍超宽带技术的原理及主要应用，但由于作者水平所限，书中难免存在不当之处，希望广大读者批评指正。

著　者

2022年8月

目　　录

1 绪 论

1.1 研究背景和意义

我国是世界上主要的煤炭出产国,煤炭产量约占世界的 35%,但同时煤矿事故死亡人数占全球的近 80%。与此同时,我国煤矿地质条件复杂,多数为高瓦斯矿井,这些导致了我国煤矿事故频发。随着煤矿安全监测水平特别是通信技术的不断提高,煤炭安全生产形势已明显好转。2017 年,全国煤矿共发生事故 219 起,死亡 375 人,同比减少 30 起、151 人,但百万吨死亡率仍远高于南非、美国等主要产煤国[1]。随着开采规模和深度的逐年加大,工况愈加复杂,煤矿安全尤其受到我国政府部门和煤矿企业的高度关注。要解决煤矿安全问题,不仅要建立合理的管理制度和法则,更要有先进的安全监控设备及技术手段,以实时监控井下人员、车辆等移动目标的状况及位置。特别是在事故或紧急状况发生后,如果能够尽快掌握井下事故位置和人员分布情况,就可极大程度地增加遇险人员的生存机会,同时也能最大限度地减少经济损失。国家安全生产"十三五"规划中的八大要点之一"应急救援能力"和煤矿安全生产"十三五"规划中都对井下目标的安全监控提出了更高要求[2]。

2010 年《国务院关于进一步加强企业安全生产工作的通知》(国发〔2010〕23 号)和《国家安全生产监督管理总局 国家煤矿安全监察局关于建设完善煤矿井下安全避险"六大系统"的通知》(安监总煤装〔2010〕146 号),要求煤矿要建设完善的监测监控系统、井下人员定位系统等 6 大系统。但现有的矿井监测监控等系统或多或少地存在着信息传输不及时、系统容量小、作用范围小等问题[3]。尤其是井下定位系统,多采用 RFID 技术,这种定位技术多数仅仅实现的是考勤管理作用,而没有做到真正意义上的人员和设备等目标的精确实时定位,而且即便要实现较准确的定位,系统需要布设的参考点的数目和密度很大,这无疑给有限的矿井巷道环境带来很大的压力。不仅如此,在煤矿发生事故后救援方面,现有的搜救手段还停留在搜救犬等原始的救援手段,救援能力十分低下,更谈不上实时性,这极大地制约了煤矿发生事故后及时救援和自救工作的开展。

近年来,无线通信和网络技术迅速发展,新技术、新应用层出不穷,给人们的生活带来很大的改变。以超宽带为代表的新兴通信技术,因其大带宽、大容量、低功耗、高速度等优点得到了广泛的应用。此外,超宽带技术不需要产生正弦载波,结构简单、实现成本低;采用持续时间极短的单周期脉冲占空比极低,抗干扰能力强;功耗低;井下环境不受使用频率的限制,故超宽带技术应该非常适合在煤矿井下使用。将这一先进的通信技术融入井下监控通信等技术中,必将大大提高井下监控通信的水平。但矿井是一个特殊的受限环境,它是由各种纵横交错、长短不一的巷道组成,其长度可达几十到上百千米[4],且矿井巷道空间狭小,无线信号的传输存在着大量的反射、散射等现象,设备功率需满足井下防爆的要求。这就意味着现有的超宽带通信技术不能直接应用于井下。

因此,有必要针对矿井这一特殊环境,研究适合煤矿井下的超宽带通信技术,包括煤矿井下超宽带信道模型、煤矿井下超宽带发射技术、煤矿井下超宽带接收技术,并在此基础上进一步研究适合煤矿井下的超宽带应用技术,尤其是煤矿井下超宽带生命探测技术和煤矿井下超宽带定位技术。这对提高煤矿井下监控监测系统传输效率、改善现有煤矿井下通信系统抗干扰水平、提高井下定位技术的精确度和实时性、改善煤矿井下事故救援能力、保障矿井安全生产有着十分重要的理论意义和实际价值。

1.2 超宽带技术的定义及特点

1.2.1 超宽带技术的定义

超宽带技术最早可以追溯到 1894 年,马可尼利用火花隙发射器发明了无线电报[12],所使用的无线信号即为超宽带信号。现代意义的超宽带无线电的研究始于 1960 年微波网络脉冲响应特性的研究[6]。随后,这种超宽带无线电技术开始长期应用于定位和测距、灾害救援等领域。1973 年,美国 Sperry 研究中心的罗斯博士开始针对超宽带信号的传输和接收问题进行了综述,并获得了第一个超宽带通信的专利[7]。随着人们对高速通信需求的发展,20 世纪 60 年代,美国开始对超宽带通信技术进行研究。1993 年,Scholtz 详细阐述了"冲激无线电"的概念[8],引起了极大的关注。

从 2002 年开始,美国联邦通信委员会(简称 FCC)开始对超宽带无线通信进行了规范[9-11],并给出了"超宽带"的两种定义:① 信号 10 dB 带宽,即比峰值功率低 10 dB 的带宽 $B = f_H - f_L$,信号的相对带宽 $B_{相对} = 2(f_H - f_L)/(f_H + f_L) \geqslant 0.2$;② 信号 10 dB 带宽大于或等于 500 MHz。

由于超宽带信号带宽很宽,对现有的窄带通信系统会产生很大的干扰。因此,FCC 对超宽带系统的频谱及功率做了严格的规定。文献[5]给出了超宽带技术和其他无线技术的频谱关系(图 1.1)。从图中可以看出,FCC 规定超宽带系统的带宽限制为 3.1～10.6 GHz,等效的各向同性辐射功率低于 -41.3 dBm。由于超宽带信号的大带宽,根据香农定理,信噪比一定时,系统的信道容量和信道带宽成正比,因此,超宽带技术适合高速近距离以及低速远距离的无线通信及定位。

此外,FCC 还对室内超宽带通信系统和室外超宽带通信设备做出了如图 1.2 所示的限制[13]。

1.2.2 脉冲超宽带技术的特点

常见的超宽带体制有脉冲超宽带、多带正交频分复用超宽带和直接序列扩频超宽带。本书主要研究的是脉冲超宽带技术,故这里介绍脉冲超宽带技术的特点。

脉冲超宽带利用脉宽为几纳秒甚至亚纳秒、具有极低占空比的极窄脉冲来传输信息。这些脉冲无须进行频谱搬移即可辐射,具有以下特性:

(1)系统容量大:因为超宽带脉冲占空比极低,如果稍稍提高占空比,即可实现高速数据传输。此外,还要考虑多径效应对数据传输影响。这里利用"空间容量"的概念衡量超宽

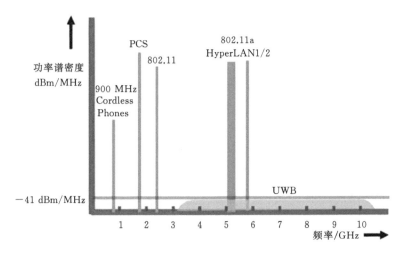

图 1.1 超宽带技术与其他无线技术的频谱关系

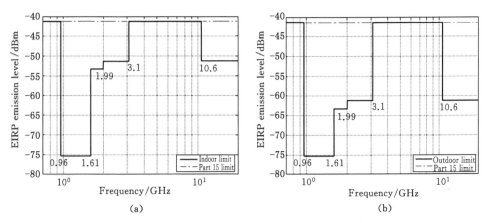

图 1.2 FCC 对超宽带系统辐射功率的限制

(a) FCC 对室内超宽带的限制；(b) FCC 对室外超宽带的限制

带系统的传输效率，它是单位区域能提供的数据比特率。"蓝牙"的空间容量是 30 kbps/m²，而超宽带的空间容量为 1 000 kbps/m²[14]。

（2）定位精度高，探测能力强[15-16]：超宽带信号采用基于到达时间定位方法可以实现很高的定位精度。这是因为根据文献[17]，加性白高斯噪声环境下，基于到达时间定位方法的精度（CRLB）与信号带宽成正比。此外，超宽带信号含有丰富的低频分量，因而具有很强的穿透障碍物的能力，且其高频分量又保证了其距离分辨能力，故超宽带信号应用与探测的能力很高[18-20]。

（3）抗干扰能力强、保密性能好、截获率低[5]：根据 FCC 的规定，超宽带系统的功率谱密度很低，甚至低于环境噪声，因而很难被电子侦测设备截获。同时，若超宽带信号采用扩频跳时或直接序列调制技术，具有很高的保密性能。此外，超宽带信号占空比极低，可以利用时间窗滤掉干扰信号，实现高抗干扰能力。

（4）高速率传输：目前超宽带技术的近距离传输速率可达 1 000 Mb/s[12]。

（5）低成本、低功耗[12-13]：脉冲超宽带技术不需要复杂的调制解调技术，因此实现相对简单,容易进行数字化,大大降低了系统成本。此外,极低的占空比使得超宽带系统的功耗很低。

1.3 超宽带通信及应用的发展

1.3.1 超宽带通信技术的发展

1.3.1.1 国外发展史

早在 1965 年,美国就确定了超宽带技术的基础[21]。在接下来的 20 年里,超宽带技术主要用于军事[21]。目前,美国国防部开发的超宽带系统多达几十种,其中包括战场防窃听网络等[21]。1984 年,超宽带成功完成 10 km、32 kps 的数据传输;1986 年,第一代超宽带通信系统被研发,并于 1987 年试验成功;1990 年,美国国防部开始对超宽带技术进行验证[178]。

20 世纪 90 年代开始,有许多公司开始进行超宽带技术的研发工作。美国 XtremeSpectrum 公司设计利用双相调制的音频、视频超宽带芯片组,最高传输速率达 100 Mbps[21]。Intel 公司 2000 年成立了超宽带研究实验室,并认为其产品在 2～3 年内达到 100 Mb/s 的数据速率,而且 Intel 公司声称 UWB 在短距离内传输速率可达到 400～500 Mb/s,由此诞生了无线 USB 技术[21]。Time Domain 公司利用脉冲位置调制技术,开发了两代 PulsON 芯片,第三代也开始商用[21]。2003 年 1 月 Philips 公司决定利用其在 BiCOMS 的优势和 GA 公司联合开发速率达 480 Mbps 的超宽带芯片组[21]。2003 年 PulseLink 公司也推出了这一速率的超宽带芯片组。新加坡 Cellonics 公司研发了基于非线性动态理论的超宽带相关接收技术[21]。美国 Discrete Time 公司研发了多频段超宽带技术,相对单频段超宽带,它在每个频段内的传输速率较低,从而降低了超宽带的成本,有较好的自适应性[21]。

此外,关于超宽带标准主要以飞思卡尔公司主导的脉冲体制 DS-UWB 和英特尔公司及德州仪器倡导的多带正交频分复用(MB-OFDM UWB)为主[178]。FCC 允许超宽带商用后,2003 年 IEEE 802.15.3 标准组织提出了建立 IEEE 802.15.3a 工作组,它主要针对高速通信标准。2004 年,IEEE 802.15.4a 工作组成立,它主要针对低速通信标准。

1.3.1.2 国内发展史[21,178]

2001 年 9 月,中国的"十五"863 计划中将超宽带无线通信技术及其共存与兼容性研究纳入通信技术主题研究,并作为无线通信共性和创新技术研究内容,极大地激发了国内学者在这方面的研究热情。

"基于脉冲体制的超宽带无线通信关键技术研究与系统演示"的 863 计划项目,由清华大学和中国科学技术大学联合承担,最终实现了 400 Mbps 传输速率的无线通信系统,可同时传输多路高清电视,这是当时国内有报道的最高传输速率。

"超宽带无线通讯收发器芯片设计"的 863 预研项目由清华大学承担,主要研究基于脉冲超宽带的无线通信物理层芯片设计。

由北京邮电大学承担的 863 计划项目"超宽带无线传输技术研究与开发",提出了一种多频带超宽带无线频域传输方案,该方案实现复杂度低,偏于芯片集成,且性能上优于脉冲超宽带 Rake 接收技术和频域超宽带相关接收技术。

由东南大学承担的 863 计划项目"超宽带无线通信关键技术及其共存与兼容技术",研究了超宽带通信系统的结构、多址接入方式、编码调制方法、实现技术、系统性能和共存问题,设计了 20 Mbps 以上的 TH-PPM 和 DS-BPSK 方案以及 100 Mbps 以上的 MBOK 方案。

此外,由中国电子学会和中国通信学会主办的"全国超宽带无线通信技术学术会议"每年召开一次,为更好地交流科研成果提供了平台。

1.3.2 超宽带应用技术的发展

目前,超宽带技术的应用主要集中在基于脉冲的无线传感器网络、测距与定位、穿墙成像等。

1970 年,超宽带雷达开始被应用于病人呼吸和心脏功能的检测。接着,超宽带技术还用于实现胸部活动评估、心脏成像等功能,成功的案例如婴儿猝死综合征监视器等[26]。此外,由于地震等自然灾害频发,超宽带技术开始应用于生命探测领域,及时地搜救伤者。20世纪 80 年代,美国 K.M.Chen 教授领导的密歇根州立大学与国家海军医学中心进行合作,主要从事 X 波段 10 GHz、L 波段 2 GHz 和 1.15 GHz、UHF 波段 450 MHz 生命探测系统的研究,取得了一些有价值的实验结果和研究成果[22-25]。美国的 Georsia 技术研究所于 1992年和 1996 年研制了军用调频雷达和抛物面天线结构的雷达生命特征监视仪器[27]。美国 TimeDomain 公司研制出基于超宽带的"RadarVision 2000"雷达和"士兵视力"雷达[28-30]。美国 HAETC 研究中心开发的 L 频段"2—D Concrete Penertation Radar",也具有较强的穿透能力[31]。此外,包括美国、俄罗斯、以色列、英国和加拿大在内的多个国家的政府和国防研究机构仍在大力发展这一方面的研究应用[32]。我国在超宽带生命探测方面的研究开始较晚,但成果显著,国防科技大学、原第四军医大学、南京理工大学等都在这方面取得了一定的研究成果[32]。

另外,利用超宽带技术实现的定位技术近年来发展很快。由于超宽带带宽很宽,持续时间很短,因而具有很强的时间分辨能力,尤其是利用基于到达时间定位方法时能达到很高的精度[17]。目前地面主要应用的超宽带定位系统有:LocahzerS 系统,由美国 AETHERWIRE&LOCATION 开发的室内定位系统,测量范围为 30~60 m,测距精度为 1 cm;Sapphire 系统,由 MultisPeetralsolutions 公司开发的超宽带室内定位系统,测量分辨率为 1 ns,定位精度是 0.3 m,经过数据平滑后可到达 0.1 m;Unbise 室内定位系统,由美国 Unbise 公司开发的室内定位系统,定位精度是 15 cm[33]。唐恩科技[34]开发出国内第一套民用 UWB 定位系统——iLocateTM 无缝定位系统,定位精度是 15 cm。

此外,近年来继蓝牙、WiFi、Zigbee、RFID 之后,超宽带逐渐成为 WPAN 的一项热门无线技术。日本 Y-E Data 公司基于 Wisair 芯片研发的首个超宽带无线 USB Hub Y-D-300已经上市,此外三星、海尔和 Global Sun 公司利用飞思卡尔芯片开发了手持摄像机和等离子电视的无线视频流传输技术。2008 年,日本 GIT 公司研发的支持全频带 UWB 的收发 IC 开始量产,极大地方便了便携式设备之间的无线数据传输。

1.4 煤矿井下通信技术应用与存在的问题

1.4.1 研究历史与现状

矿井通信技术是保障矿井安全生产的基础,而建立一个集环境监测、生产调度、人员和设备定位、多媒体监控、事故后救援功能于一体的全矿井信息系统,对降低我国煤矿的事故发生次数、减少事故后人员伤亡有着至关重要的作用[34]。但是仅使用有线通信方式,给本身就很狭窄的巷道环境带来很大的压力。于是,利用无线通信方式和有线通信方式相互结合,通过两者的无缝连接,可以极大地改善巷道环境对通信设备的限制,同时提高了井下通信系统的抗灾变性。国内外很多研究机构和公司对井下无线通信的发展做出了很多研究,其中主要包括井下无线通信技术的研究、井下无线信道的研究、井下无线定位技术研究等。

1.4.1.1 井下无线信道

矿井巷道是一个密闭的特殊环境,空间相对狭小,且纵向长度远远超过横向长度,无线信号的传输存在大量的反射、散射等现象,且对通信频率的使用没有限制。到今天,已经有低频、高频及甚高频的煤矿井下无线技术研究,很多研究成果和理论表明,井下无线通信是可行的[35-38,39-41]。

对矿井电磁传输的研究最早可以追溯到20世纪20年代美国矿业局的课题研究。1968年,美国矿业局、英国国家煤业局以及欧洲煤钢委员会开始矿井无线通信领域的研究,取得了很多理论和试验成果[42]。M. Ndoh 和 G. Y. Delisle[39,43-45]研究了矿井巷道环境的无线传输特性,并提出了适用于矿井巷道环境的串联阻抗预测模型。文献[40~41]研究了2.4 GHz和5.8 GHz的无线信号在矿井巷道内的传输情况,并仿真了信道幅频特性。文献[40]研究了统计模型下的2.4 GHz井下无线信道特性,提出了矿井巷道环境无线信号到达时间服从泊松分布,在视距和非视距环境下信号幅度服从瑞利或莱斯分布。文献[46]利用波导理论给出了井下无线通信的最佳频率为900 MHz,文献[47,35]给出了多天线技术在矿井巷道环境的性能。文献[38,48]研究了煤矿井下超宽带信号的传输特性及其时间获取和测距技术。

在国内,中国矿业大学(北京)孙继平教授以及其指导的研究团队[49-50]研究了巷道内移动通信衰减与频率、巷道弯曲度、倾斜度、粗糙度、感应线、巷道断面和天线等的关系,并给出了煤矿井下无线通信最佳频率。北京交通大学杨维教授等[51-52]研究了矿井宽带信道的统计模型,并对模型进行了仿真。此外,文献[53]利用射线跟踪法研究了井下无线信号传输的帐篷定理,文献[54]给出了井下UHF宽带传输的多径信道频域AR模型。

1.4.1.2 井下无线通信

目前,我国煤矿井下通信主要以有线通信为主。国内外矿井无线通信的主要方式有透地通信、感应通信、漏泄通信以及PHS(小灵通)、CDMA和WiFi通信等。

(1) 透地通信:这是以大地为媒介的电磁波穿透传输的无线通信方式[55]。它由地面发射装置和井下便携接收装置组成,为了提高穿透能力,一般工作频段选择在300~3 000 Hz。透地通信发射功率较大,且发射天线很长,有一定的抗灾变能力。但这种技术信道容量小,仅适用于地面发送井下接收的单向模式,受电磁干扰大,应用范围受限,施工难度大,适用于调度和救灾通信。

(2) 感应通信[55]:通过沿巷道铺设的专用感应线,在其附近发射信号,感应线上即产生感应电流。这种技术结构简单、容易实现、成本低,一般利用中频段(300~3 000 kHz)良好的穿透性能、较低的传输衰减来实现。但该技术信道容量小、受其他电磁干扰大,且当感应线距离巷道壁太近时,能量损耗较大,通信距离短。

(3) 漏泄通信[55]:利用具有较好辐射性能的漏泄同轴电缆代替天线进行无线信号传输。该技术受巷道形状、分支、截面、倾斜、拐弯以及巷道围岩介质等影响较小,稳定性强,信道容量和系统性能较上述两种通信系统较优越。其工作频段一般为 30～300 MHz。但由于该技术中移动终端的通信需经基站转换,若基站发生故障,系统面临瘫痪。因此,该技术的可靠性差,抗灾变能力差,设备多且维护烦琐。

（4）PHS 通信[34]：又叫"小灵通",被视作第二代无线通信系统的关键技术。它利用微蜂窝技术实现无线覆盖。该技术在井下的传输速度和作用距离不理想,且成本高、可靠性低、维护工作量大。

此外,许多先进的地面无线通信技术,比如 CDMA、WiFi、TD-SCDMA 等正引入矿井应用。例如文献[56,57]提到的 OFDM 技术,文献[38,48]提出的 MC-CDMA、MIMO、UWB 技术,文献[51,56,58]提出的 Zigbee 技术、无线传感器网络、工业无线局域网等网络高层技术,文献[59,60]提出的 WLAN 在矿井的应用,文献[61,62]提出的 Zigbee 技术以及以此为基础的矿井无线传感器应用,文献[36,37]给出的基于无线传感器 Mesh 网的无线定位技术。

1.4.1.3　井下无线定位

针对煤矿井下人员的定位技术,国外学者研究得较少。M. Moutairou[36-37] 提出基于 Mesh 无线传感器网络的无线定位技术和系统。J. C. Ralston[60] 研究了以 Zigbee 为基础的井下无线传感器网络的定位。我国在这一领域的研究开发工作开始较晚,但发展很快,目前处于第三个发展阶段,即发展新型的有源井下人员定位系统[34]。国内各科研单位和厂家相继研发了 KT18、KT30、KJ88、KJ90、KJ95、KJ101、KT105、KJF2000、KJ4/KJ2000 和 KJG2000 等无线监控与定位系统以及 WEBGIS、MSNM 等煤矿安全综合数字化网络监测管理系统。这些系统多数利用射频识别 RFID 或"小灵通"无线市话 PHS 技术实现无线监测、有线传输,形成一种两级集散式的监控系统,对井下人员实施监控和跟踪定位[34]。纵观这些系统,会发现它们仅仅是一种考勤记录系统,而没有做到真正意义上的人员跟踪与定位,更不可能实现人员或设备的精确跟踪和定位。当然,基于 Zigbee、WiFi 等技术的定位系统能够实现精确定位,目前国内已经引进相关产品,但还很不成熟。

1.4.2　现存主要问题

（1）煤矿井下无线信道研究没有统一的理论模型,尤其是矿井超宽带无线信道。

虽然国内外针对矿井巷道的无线信道模型的分析和研究已经有很多,但大都针对单频点或者单频段,比如低频、高频、甚高频,而且针对矿井巷道环境无线传输的影响分析较多。对于井下无线通信及其应用而言,最关键的是无线信道的理论模型,即无线信号的大尺度衰落以及多径衰落模型。在这方面,针对矿井巷道的无线统计模型尚没有统一。尤其针对超宽带这一频谱很宽的信号,它在矿井巷道内的传输情况研究较少,国外仅有少数针对大尺度衰落或多径衰落的分项研究,缺乏系统研究,国内更是鲜有人涉及。因此,分析和建立煤矿井下超宽带无线信道模型,对于超宽带技术在矿井的应用,具有指导意义。

（2）煤矿井下无线通信技术相对落后,尤其针对矿井特殊环境的通信及网络技术缺乏。

煤矿井下无线通信具有以下特点[55]——① 电气防爆：矿井巷道中含有甲烷等易燃易爆气体以及煤尘等,这就要求无线通信设备必须是防爆型设备,最好采用本质安全型防爆措施；② 信号传输损耗大：巷道环境相对狭小,巷道纵向很长,巷道壁较为粗糙,且会出现倾斜、拐弯、分支等现象,此外巷道内还存在着机车、风门等障碍物,因此,无线信号在巷道内传输会出现反射、折射、投射等现象,从而产生很强的衰减和多径效应；③ 设备体积受限：巷道环境决定了无线通信设备的体积不能很大;④ 发射功率受限:本安防爆设备的最大输出功率为 25 W,这就要求无线通信设备的发射功率要小;⑤ 抗干扰能力强:巷道内机电设备较为集中,电磁干扰较大,因而无线通信系统的抗干扰性要强;⑥ 防护性能好:巷道内富含粉尘、水等,故无线通信设备必须具备防潮、防腐、防尘以及抗机械冲击的能力;⑦ 电源电压波动:矿井电网电源电压波动较为明显,因而矿井无线通信系统应具备电源电压波动适应能力;⑧ 抗故障能力强:井下巷道环境恶劣,设备故障率高,人为破坏时有发生,因而矿井无线通信系统应具备较强的抗故障能力;⑨ 服务半径和信道容量大:巷道的纵向长度很长,可达十几千米,工作面一直在变化,而且矿井无线通信系统承担着监测监控调度等功能,所以需要服务半径大、信道容量大的无线通信系统;⑩ 移动速度慢:矿井移动终端主要放置在人员、电机车、单轨吊车、斜井绞车等上,其运动速度相对地面移动终端要慢得多。因此,需要针对矿井这一特殊环境,研究适合煤矿井下的无线通信技术。

(3) 矿井无线定位技术基本不能实现实时高精度定位。

现有的煤矿无线定位技术主要是利用 RFID 技术实现的定位,这些系统多数实际上仅完成考勤管理功能,无法实现对井下移动目标的精确定位,且系统布设的参考点密度和数量很大,不适合狭窄的巷道环境。当然,基于超宽带的井下无线定位技术也有学者在研究,但从成果来看,大都基于单纯的一种定位方法,其精确度和可实现性不高。因此,针对煤矿井下巷道这一特殊环境,需要从定位技术本身出发,研究一种新的更加适合巷道环境的定位方法,结合超宽带的定位优势,根据巷道实际环境和定位需求合理布局,实现高精度的目标定位。

(4) 关于矿井生命探测技术的研究较少。

生命探测技术是近几年兴起的一种新兴救援技术,它对于灾后及时救援起着保障作用。但针对煤矿井下的生命探测技术研究较少,仅有一些基于人员定位的被动式生命探测技术。因此,有必要针对矿井巷道环境,研究适合井下的主动式生命探测技术。

2 超宽带脉冲波形与调制研究

2.1 超宽带脉冲波形

在超宽带系统中,尤其是脉冲超宽带系统,它利用持续时间极短的窄脉冲来传输信息,而不是传统通信系统中的正弦载波,故超宽带脉冲波形的设计是超宽带系统的一个关键问题。由于超宽带信号的频谱很宽,为了保证其不对现有窄带系统形成干扰,多个国家对超宽带脉冲的使用进行了规范。其中,2002 年美国联邦通信委员会(FCC)规定,UWB 的频段范围为 3.1~10.6 GHz,发射功率谱密度不能大于 −41.3 dB,最小工作频宽为 500 MHz。即使带宽为 7.5 GHz,发射功率也要小于 1 mW。因此,为了提高系统收端的信噪比,超宽带系统要求脉冲波形要具备较高的功率利用率。另外,还要求脉冲波形[138]:① 为了实现最好的系统性能,可以产生多个正交的脉冲以实现正交调制;② 为了提高系统信噪比,在发端对天线造成的损失进行预补偿;③ 为降低其他窄带系统对其干扰,要求能实现动态频谱接入;④ 为降低系统复杂度,要求设计脉冲波形的方法易于实现;⑤ 为保证脉冲的有效辐射,希望超宽带脉冲的直流分量尽可能地接近零。下面根据以上要求,介绍典型的脉冲波形及实现方法。

2.1.1 高斯脉冲及其导数

对脉冲发生器而言,最容易生成的脉冲波形是钟形函数,其波形类似高斯函数。因此,在超宽带系统中,最常用的发射波形即为脉宽为 0.5~20 ns 的高斯脉冲以及其各阶导数[63]。其中,高斯脉冲可表示为:

$$f(t) = \pm \frac{\sqrt{2}}{\alpha} e^{-\frac{2\pi t^2}{\alpha^2}} \tag{2.1}$$

式中,$\alpha^2 = 4\pi\sigma^2$ 为脉冲的成形因子;σ^2 为方差。α 的大小直接影响着脉冲的幅度和脉宽。如图 2.1 所示,上述函数幅度取正值,当脉冲成形因子 α 变大时,脉冲的幅度变小,同时脉冲的宽度变大。

根据上述讨论,定义幅度归一化高斯脉冲[138]:

$$f(t) = A \exp\left(-\frac{2\pi t^2}{\alpha^2}\right) \tag{2.2}$$

其中,$A = \pm\sqrt{\dfrac{2}{\alpha}}$。

则其能量为[138]:

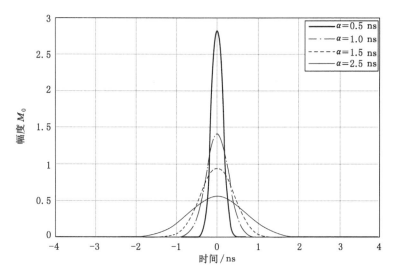

图 2.1　不同脉冲成形因子下的高斯波形

$$E = \int_{-\infty}^{+\infty} f^2(t)\,\mathrm{d}t = \frac{A^2 \alpha}{2} \tag{2.3}$$

图 2.2 给出了不同脉冲成形因子下高斯波形的能量谱密度。从图中可以看出,高斯脉冲的能量集聚在低频段,为了保证脉冲的有效辐射,超宽带脉冲的直流分量最好为零。因此,又提出利用高斯波形的各阶导数来作为基脉冲。

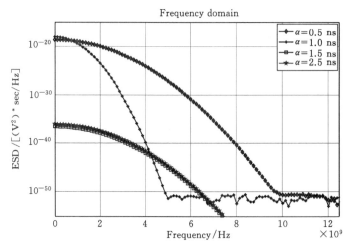

图 2.2　不同脉冲成形因子下的高斯波形的能量谱密度曲线

对归一化的高斯脉冲求各阶导数,得到(这里以一到三阶导数为例)[138]:

$$f'(t) = A\left(-\frac{4\pi t}{\alpha^2}\right)\mathrm{e}^{-\frac{2\pi t^2}{\alpha^2}} \tag{2.4}$$

$$f''(t) = A\left(\frac{4\pi}{\alpha^4}\right)\mathrm{e}^{-\frac{2\pi t^2}{\alpha^2}}\left[-\alpha^2 + 4\pi t^2\right] \tag{2.5}$$

$$f'''(t) = A\frac{(4\pi)^2}{\alpha^6}t\,\mathrm{e}^{-\frac{2\pi t^2}{\alpha^2}}\left[3\alpha^2 - 4\pi t^2\right] \tag{2.6}$$

图 2.3 给出了脉冲成形因子 $\alpha = 0.5$ ns 时,高斯脉冲一至十五阶导数的波形图,图 2.4 给出了这些高斯波形的能量谱密度函数图。从图中可以看出,高斯一阶导数的波形图类似单周期正弦波,频谱中的直流分量较弱,高斯二阶导数几乎没有直流分量,因而超宽带系统中最普遍使用的就是高斯二阶导数脉冲。事实上,当发射天线的输入脉冲为高斯一阶导数脉冲时,天线的输出即为高斯二阶导数脉冲。

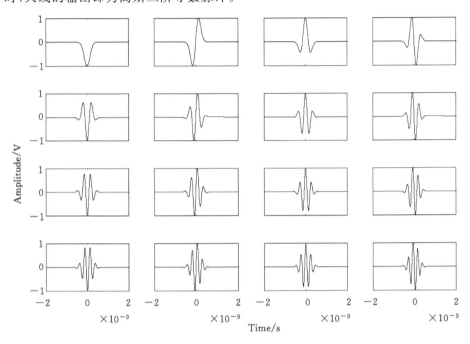

图 2.3 高斯各阶导数波形图

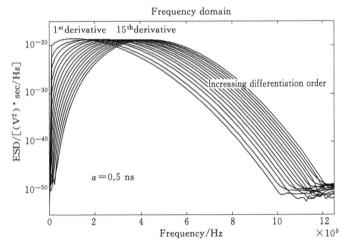

图 2.4 高斯各阶导数能量谱密度曲线

高斯 k 阶导数的频域表示为[138]:

$$F^{(k)}(\omega) = A \frac{\alpha}{\sqrt{2}} \mathrm{e}^{-\frac{\alpha^2 \omega^2}{8\pi}} \omega^k \tag{2.7}$$

对上式求一阶导数,当且仅当一阶导数为零时,即为频谱幅度峰值对应的频率值[138]:

$$f_0 = \frac{\omega}{2\pi} = \frac{\sqrt{k}}{\alpha\sqrt{\pi}} \qquad (2.8)$$

从上式可以看出,当脉冲成形因子 α 一定时,其峰值频率随 k 值的变大而提高,即能量谱密度向高频段移动。这样,通过脉冲成形因子和阶数的控制,可设计出不同频谱特性的脉冲波形。

为了满足 FCC 对辐射功率的要求,尽可能地提高功率利用率,国内外学者提出了许多基于高斯脉冲的脉冲设计方法。文献[64~65]分别提出了利用扁球体函数以及 Hermit 多项式产生高斯脉冲的组合,很好地逼近了 FCC 对辐射功率的要求。此外,利用 N 个高斯各阶导数的线性组合可以合成新的脉冲。图 2.5 给出了利用 $1\sim15$ 阶高斯导数的线性组合产生的最优脉冲功率谱密度。

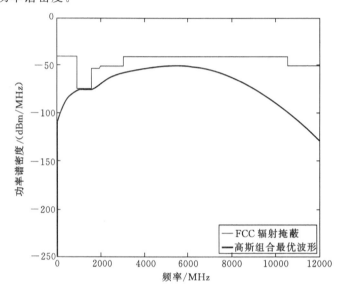

图 2.5　最优高斯导数组合脉冲功率谱密度

2.1.2　Hermit 脉冲

Hermit 脉冲是最早用于超宽带系统的正交脉冲成形方法,它是基于 Hermit 多项式的脉冲成形方法。Hermit 多项式定义为[138]:

$$\begin{cases} h_{e_0}(t) = 1 \\ h_{e_n}(t) = (-\tau)^n e^{\frac{t^2}{2\tau^2}} \dfrac{\mathrm{d}^n}{\mathrm{d}t^n}(e^{-\frac{t^2}{2\tau^2}}), n = 1, 2, \cdots, -\infty < t < +\infty \end{cases} \qquad (2.9)$$

由于上述 Hermit 多项式不具备正交性,因而需要对其进行变形处理,得到正交 Hermit 脉冲[138]:

$$h_n(t) = k_n e^{-\frac{t^2}{4\tau^2}} h_{e_n}(t) = k_n (-\tau)^n \tau^2 e^{\frac{t^2}{4\tau^2}} \frac{\mathrm{d}^n}{\mathrm{d}t^n}(e^{-\frac{t^2}{2\tau^2}}) \qquad (2.10)$$

其中, k_n 是正交 Hermit 脉冲能量因子。若要求对其能量进行归一化处理,则[138]:

$$k_n = \frac{1}{\sqrt{n!\sqrt{2\pi}}} \tag{2.11}$$

且正交 Hermit 脉冲需要满足以下方程[138]：

$$h_{n+1}(t) = \frac{t}{2\tau}h_n(t) - \tau h'_n(t) \tag{2.12}$$

其中，$h'_n(t)$ 表示 $h_n(t)$ 的微分运算；$h_0(t) = k_0 e^{-t^2/4\tau^2}$。

将上式转化为频域形式[138]：

$$H'_{n+1}(f) = j\left[\frac{1}{4\pi\tau}H'_n(f) - 2\pi f\tau H_n(f)\right] \tag{2.13}$$

其中，$H_n(f)$ 为 $h_n(t)$ 的傅式变换，且 $H_0(f) = k_0\tau 2\sqrt{\pi}e^{-4\pi^2 f^2\tau^2}$。

当 n 为偶数时，$H_n(f)$ 虚部为零，为实函数；当 n 为奇数时，$H_n(f)$ 实部为零，为纯虚函数。

正交 Hermit 脉冲具有以下特性[138]：① 时域中各阶导数的脉宽随阶数的增加而变大；② 各阶函数彼此正交；③ 脉冲时域波形过零点数与阶数相等；④ 频域中各阶导数的中心频率随阶数的增加而变大，带宽也相应增加；⑤ 能量集中在低频段，各阶函数波形频谱相差较大，需利用频谱搬移以满足 FCC 的要求；⑥ 偶数阶脉冲有直流分量，奇数阶无直流分量。利用正交 Hermit 脉冲的正交性，可有效抑制多用户超宽带系统中的多址干扰。

由于正交 Hermit 脉冲时域脉宽和频域带宽均随阶数的增加而变大，这无疑影响着其频谱利用率，因此，国内有学者提出基于带核施密特正交化处理的幂函数来设计正交 Hermit 脉冲的方法，实现各阶脉冲时域脉宽和频域带宽近似相同[66]。

除了上述脉冲设计方法外，还有基于升余弦以及多周期脉冲成形的设计方法。此外，文献[67]提出了一种基于瑞利脉冲的波形设计方法；文献[68]给出了一种基于椭球波函数的脉冲波形设计方法；文献[69～72]分别提出了基于 Parks-McClellan 算法和半正定规划算法的滤波器设计思想的波形设计方法。

2.2 超宽带调制及多址

上一节提到的超宽带脉冲，其本身不带有任何信息，需通过调制技术将信息加载到脉冲上，从而实现数据的传输。现有的适合超宽带脉冲的调制方式主要有脉冲位置调制（Pulse Position Modulation，简称 PPM）、脉冲幅度调制（Pulse Amplitude Modulation，简称 PAM）、脉冲波形调制（Pulse Shape Modulation，简称 PSM）、M 进制双正交键控（Multiple Bi-Orthogonal Keying，简称 M-BOK）。此外，为了实现多用户通信，超宽带系统还需要多址接入技术实现多用户共享频域资源，现有的适合超宽带脉冲的多址接入方式主要有直接序列多址接入（Direct Sequence Multiple Access，简称 DSMA）、跳时多址接入（Time Hopping Multiple Access，简称 THMA）以及脉冲波形多址接入技术（Pulse Shape Multiple Access，简称 PSMA）。下面针对上述典型的调制和多址技术进行简要介绍。

2.2.1 超宽带调制技术

2.2.1.1 脉冲幅度调制（PAM）

脉冲幅度调制是将待发送的信息调制在脉冲幅度上的调制方法，即[138]：

$$s(t) = \sum_{j=-\infty}^{+\infty} d_{[j/N_f]} p(t - jT_f) \tag{2.14}$$

式中，N_f 为每比特数据中脉冲的个数；T_f 为帧长；$p(t)$ 为基本脉冲；$d_{[j/N_f]}$ 表示第 j 个脉冲表示的信息，且有[138]：

$$d_{[j/N_f]} = \begin{cases} 1, b_{[j/N_f]} = \alpha_1 \\ 0, b_{[j/N_f]} = \alpha_2 \end{cases} \tag{2.15}$$

式中，$b_{[j/N_f]}$ 表示待发送的信息；α_1，α_2 分别表示信息为 1 和 0 时脉冲的幅度因子，且有 $0 < \alpha_2 < \alpha_1$。

PAM 调制除了上述形式外，还有两种特殊形式：开关键控（On-Off Keying，简称 OOK）调制和二进制相位调制（Binary Phase Shift Keying，简称 BPSK）。其中，OOK 调制下通过脉冲波形的有和无来实现脉冲幅度调制，即：

$$d_{[j/N_f]} = \begin{cases} 1, b_{[j/N_f]} = 1 \\ 0, b_{[j/N_f]} = 0 \end{cases} \tag{2.16}$$

这种调制下，在加性白高斯噪声环境下，利用相干接收技术，系统的误码率为[138]：

$$\Pr_b = \frac{1}{2} erfc\left(\sqrt{\frac{E_b}{2N_0}}\right) \tag{2.17}$$

式中，E_b 为每比特数据的能量；N_0 为白高斯噪声的单边功率谱密度函数；$erfc(y) = \frac{2}{\sqrt{\pi}} \int_y^{+\infty} e^{-x^2} dx$ 为误差函数。

BPSK 调制可以看成是反极性 PAM 调制，即：

$$d_{[j/N_f]} = \begin{cases} 1, b_{[j/N_f]} = 1 \\ -1, b_{[j/N_f]} = 0 \end{cases} \tag{2.18}$$

这种调制下，在加性白高斯噪声环境下，利用相干接收技术，系统的误码率为[138]：

$$\Pr_b = \frac{1}{2} erfc\left(\sqrt{\frac{E_b}{N_0}}\right) \tag{2.19}$$

比较式（2.16）和式（2.19）后发现，BPSK 调制的误码率比 OOK 调制的要好，这是由于 BPSK 调制下欧氏距离要比 OOK 调制方式的大，且当 OOK 调制方式下出现长串"0"时，容易使接收机同步丢失，且它对噪声和干扰较为敏感，容易使接收机误判。但 BPSK 调制由于要发射正负脉冲，因而系统复杂度比 OOK 方式的大。

图 2.6 给出了二进制 PAM 调制、OOK 调制以及 BPSK 调制方式的示意图。此外，对于 M 进制 PAM，文献[73]给出了信号表示：$s(t) = \sum_{j=-\infty}^{+\infty} d_{[j/N_f]} p(t - jT_f)$，这里 $d_{[j/N_f]} \in \{2m - 1 - M, m = 1, 2, \cdots, M\}$。图 2.7 给出了加性白高斯噪声环境下 M 进制 PAM 方式的系统误码率性能，从图中可以看出，随着进制数的增加，系统的误码率性能变差，同时系统的复杂度也在增加。

2.2.1.2 脉冲位置调制（PPM）

脉冲位置调制是通过脉冲延迟的改变进行数据调制，即[138]：

$$s(t) = \sum_{j=-\infty}^{+\infty} p(t - jT_f - d_{[j/N_f]}\varepsilon) \tag{2.20}$$

式中，ε 为时间的单位偏移量，由调制信息 $d_{[j/N_f]}$ 控制，且有[138]：

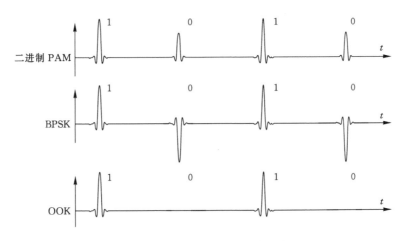

图 2.6　各种 PAM 调制方式示意图

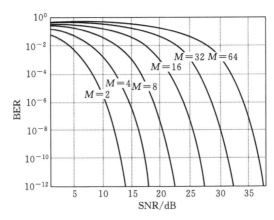

图 2.7　多进制 PAM 调制系统误码率性能

$$d_{[j/N_f]}=\begin{cases}1,b_{[j/N_f]}=1\\0,b_{[j/N_f]}=0\end{cases} \tag{2.21}$$

图 2.8 给出了 PPM 调制的示意图。

图 2.8　PPM 调制方式示意图

　　根据单位偏移量和脉冲宽度的关系，PPM 调制又可分为正交 PPM 调制和非正交 PPM 调制。前者是单位偏移量 ε 大于脉宽，在加性白高斯噪声环境下，2-PPM 系统误码率为[138]：

$$\Pr_b=\frac{1}{2}erfc\left(\sqrt{\frac{E_b}{2N_0}}\right) \tag{2.22}$$

对于非正交 PPM 调制,即单位偏移量 ε 小于脉宽,在加性白高斯噪声环境下,2-PPM系统采用相干接收时的误码率为[138]:

$$\mathrm{Pr}_b = \frac{1}{2} erfc\left(\sqrt{\frac{E_b(1 - R_{pp}(\varepsilon))}{2N_0}}\right) \tag{2.23}$$

其中,$R_{pp}(\tau)$ 为 $p(t)$ 的自相关函数,即[138]:

$$R_{pp}(\tau) = \frac{\displaystyle\int_{-\infty}^{+\infty} p(t)p(t - \tau)\mathrm{d}t}{\displaystyle\int_{-\infty}^{+\infty} p^2(t)\mathrm{d}t} \tag{2.24}$$

当上式为零时,非正交 PPM 调制即转化为正交 PPM 调制。从式(2.23)可知,为了使系统误码率较低,即使 $R_{pp}(\varepsilon)$ 尽可能地小,又 $R_{pp}(\varepsilon) > -1$,故非正交 PPM 调制的系统误码率性能要比 BPSK 调制的系统误码率性能差。当然,根据式(2.22),正交 PPM 调制的系统误码率性能比 BPSK 调制的差,与 OOK 调制相同。但是,PPM 调制下系统的正交性较容易满足,适合多址和多进制下的调制方式。文献[74]给出了多进制正交 PPM 调制的系统误码率曲线,如图 2.9 所示。

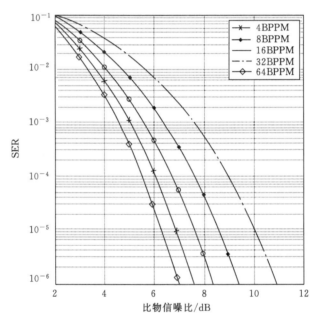

图 2.9 多进制正交 PPM 调制系统误码率性能

2.2.1.3 脉冲波形调制(PSM)

脉冲波形调制是利用不同的脉冲波形来表示不同的信息。通常,PSM 调制利用相互正交的波形来实现调制,在超宽带系统中,脉冲的正交性比较容易满足,使用这种调制方式有很大的灵活性。图 2.10 给出了二进制 PSM 调制的示意图。

PSM 调制后发射信号为[68,138]:

$$s(t) = \sum_{j=-\infty}^{+\infty} p_j(t - jT_f) \tag{2.25}$$

其中,$p_j(t)$ 为第 j 个脉冲。在理想接收环境下,利用两个正交脉冲进行的 PSM 调制系统

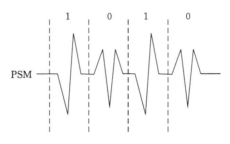

图 2.10 PSM 调制方式示意图

误码率为[69,138]：

$$\mathrm{Pr}_b = \frac{1}{2} erfc\left(\sqrt{\frac{E_b}{N_0}}\right) \tag{2.26}$$

文献[75～77]给出了不同的 M 进制 PSM 调制方式,其中,文献[75]给出了利用正交 Hermit 脉冲进行的四进制 PSM 调制系统误码率曲线,如图 2.11 所示。

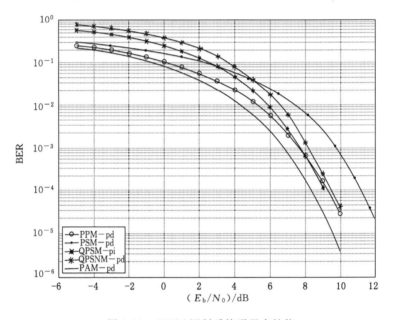

图 2.11 QPSM 调制系统误码率性能

2.2.1.4 M 进制双正交键控(M-BOK)

M 进制双正交键控调制,利用正交脉冲串实现数据调制。这种方式主要应用于直接序列超宽带系统中,它通常先编码在调制,一个有 $M(M=2^k)$ 个码字的集合,分成两组,一组正交扩频码为 $\{C_0, C_1, \cdots, C_{M/2-1}\}$,另一组为 $\{-C_0, -C_1, \cdots, -C_{M/2-1}\}$,其中 $C_i = [c_{i,0}, c_{i,1}, \cdots, c_{i,N-1}]$。这里正交即为两个不同码字内积为零,即 $\langle C_k, C_j \rangle = 0$。M-BOK 调制利用 $M/2$ 个匹配滤波器,若采用一路传输数据可降低系统复杂度,采样两路同时传输实现双倍传输速率[78,138]。

双正交序列 $\{C_j\}$ 满足[138]：

$$\sum_{j=0}^{N-1} c_{i_1,j} c_{i_2,j} = \begin{cases} \zeta, i_1 = i_2 \\ -\zeta, i_1 = -i_2 \\ 0, i_1 \neq i_2 \end{cases} \tag{2.27}$$

其中，ζ 为 $\{C_j\}$ 中不等于零的个数；N 表示 $\{C_j\}$ 中元素总数。

接收端仅利用码字集合的一半即可实现相关解调。当 M 很大时，M-BOK 的调制效率近似香农极限，即当 M 趋于无限大时，对任意误码率，每比特数据能量和噪声功率密度比值 E_b/N_0 接近 -1.59 dB。文献[79]给出了 $M=2$、4、8、16 和 64 时 M-BOK 的系统误码率曲线，如图 2.12 所示。

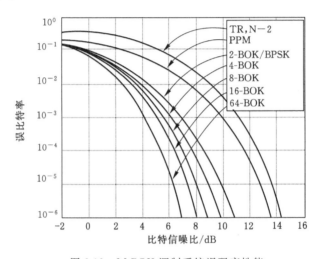

图 2.12 M-BOK 调制系统误码率性能

2.2.1.5 几种调制方式比较

上述各种调制方式，当调制数据为二进制时，BPSK 和 2-BOK 调制方式下欧式距离最大，误码率性能最好。OOK、正交 PPM、PSM 在加性白高斯噪声环境下误码率性能相同，比 BPSK 差 3 dB。

为了比较上述各种调制方式的性能，文献[79]提出了调制效率的理念，即某一误码率值条件下信号与噪声能量之比，即：

$$e_b = 10\log\left(\frac{E_b}{N_0}\right) \tag{2.28}$$

式中，E_b 为每比特数据最小能量；N_0 为噪声功率密度。当然，上式是在特定的错误概率下计算的。

对于 M-BOK 调制，M 越大，调制效率越高，上线接近香农极限。相反，M-PAM 调制下，M 越大，系统误码率性能越差。

根据香农定理，当信道带宽越大，可利用较小的信噪比实现同样的信道容量。对于超宽带系统而言，超高速数据传输有可能实现，这时信噪比依赖系统的调制效率[79]。表 2.1 给出了上述几种调制方式的调制效率。

表 2.1   几种调制方式下的调制效率

调制方式	调制效率/dB		
	$BER = 1e^{-2}$	$BER = 1e^{-3}$	$BER = 1e^{-5}$
2-PAM/BPSK/2-BOK	4.3	6.8	9.6
4-BOK	3.8	6.1	8.6
8-BOK	3.4	5.4	7.8
16-BOK	3.0	4.9	7.1
64-BOK	2.4	4.1	6.1
4-PAM	8.3	10.8	13.5
8-PAM	12.8	15.2	18.0
16-PAM	17.6	20.1	22.9
PPM/OOK	7.3	9.8	12.6

2.2.2   超宽带多址技术

2.2.2.1   直接序列多址接入（DSMA）

直接序列超宽带系统通过直接序列控制发射脉冲的极性，实现数据传输。图 2.13 为 DS 超宽带系统的发射框图，通过给不同用户分配相互正交的码元序列实现多址传输。它可以采样 PAM、PPM、PSM 调制方式。

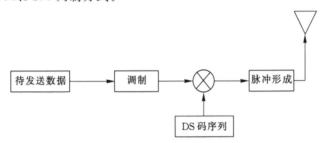

图 2.13   DS 超宽带系统发射端原理图

以 BPSK 为例，多用户超宽带系统的发射信号为[138]：

$$s(t) = \sum_{j=-\infty}^{+\infty} \sum_{n=0}^{N_c-1} d_j^{(k)} c_n^{(k)} p(t - jT_f - nT_c) \tag{2.29}$$

其中，$\{c_n^{(k)}\}$ 为 DS 码序列，取值为 ± 1；$d_j^{(k)}$ 为待发送的 PAM 信息；$p(t)$ 为单周期脉冲；一个符号周期 T_f 由 N_c 各周期为 T_c 的码片组成。图 2.14 给出了 DS 码为 $[-1\,1-1-1\,1-1-1\,1\,1-1-1]$ 时，发送数据为 $[110]$，每个符号用 10 个脉冲表示。

采用相干接收方式的 DS-BPSK 接收机框图见图 2.15 所示。

假设接收机本地模板等于接收端脉冲波形，即 $v(t) = p_{rec}(t)$，式中 $p_{rec}(t)$ 为接收端脉冲波形。则系统输出信噪比为[138]：

$$SNR_{out}(N_u) = \frac{(N_c a_1 m)^2}{\sigma_{rec}^2 + N_c \sigma_a^2 \sum_{k=2}^{N_u} a_k^2} \tag{2.30}$$

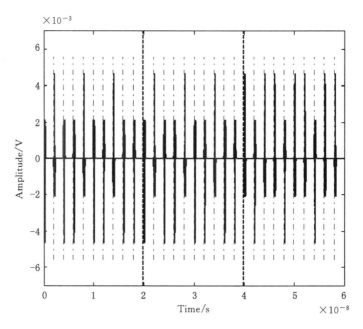

图 2.14　DS-BPSK 发射脉冲波形

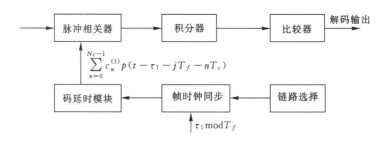

图 2.15　DS-BPSK 超宽带系统接收机原理图

式中，N_u 表示系统中的用户数；a_k 表示第 k 个发射机发射的信号到达接收机的衰减；σ_{rec}^2 表示系统工作时的加性白高斯噪声的方差，其单边功率谱密度为 N_0；$m = \int_{-\infty}^{+\infty} p_{\text{rec}}(x)v(x)\mathrm{d}x$；$\sigma_a^2 = \dfrac{1}{T_f} \int_{-\infty}^{+\infty} \left[\int_{-\infty}^{+\infty} p_{\text{rec}}(x-s)v(x)\mathrm{d}x \right]^2 \mathrm{d}s$。

2.2.2.2　跳时多址接入（THMA）

跳时多址接入系统即引入跳时码来实现多址通信，它可以采用 PAM、PPM 和 PSM 等调制方式。以 PPM 调制方式为例，发射端框图见图 2.16 所示。

则 TH-PPM、TH-PAM、TH-PSM 发射信号为[138]：

$$s_{\text{TH-PPM}}(t) = \sum_{j=-\infty}^{+\infty} p(t - jT_f - c_jT_c - d_{[j/N_f]}\varepsilon) \tag{2.31}$$

$$s_{\text{TH-PAM}}(t) = \sum_{j=-\infty}^{+\infty} d_{[j/N_f]} p(t - jT_f - c_jT_c) \tag{2.32}$$

$$s_{\text{TH-PSM}}(t) = \sum_{j=-\infty}^{+\infty} p_j(t - jT_f - c_jT_c) \tag{2.33}$$

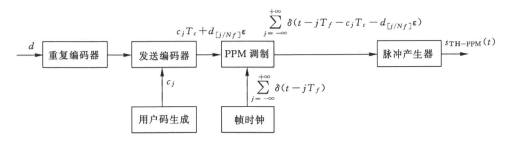

图 2.16　TH-PPM 超宽带系统发射端原理图

式中,每比特数据用 N_f 个脉冲表示,其他参数与 DS 多址发射信号相同。图 2.17 和图 2.18 分别给出了 TH-PPM 和 TH-PAM 的脉冲波形。图 2.17 中,每个符号由 5 个脉冲表示,TH 码为 $[0,2,1,2,1]$ 时,发送数据为 $[100]$;而图 2.18 中,TH 码为 $[2,1,0,2,0]$,其他与 2.17 相同。

以 TH-PPM 为例,假设系统中用户数为 N_u;a_k 表示第 k 个发射机发射的信号到达接收机的衰减;τ_k 表示第 k 个用户的延时;σ_{rec}^2 表示系统工作时的加性白高斯噪声 $n(t)$ 的方差,其单边功率谱密度为 N_0,则接收信号为:

$$r(t) = \sum_{k=1}^{N_u} a_k s^{(k)}(t - \tau_k) + n(t) \tag{2.34}$$

假设加性白高斯噪声信道条件下,多址干扰近似为高斯随即过程,以第一个用户为例,TH-PPM 接收机原理框图如图 2.19 所示,则到达接收机的信号为:

$$r(t) = a_1 s^{(1)}(t - \tau_1) + \sum_{k=2}^{N_u} a_k s^{(k)}(t - \tau_k) + n(t) \tag{2.35}$$

式中,第二项为多址干扰。

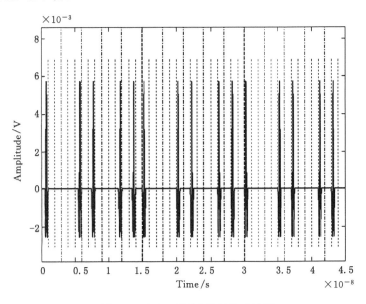

图 2.17　TH－PPM 发射脉冲波形

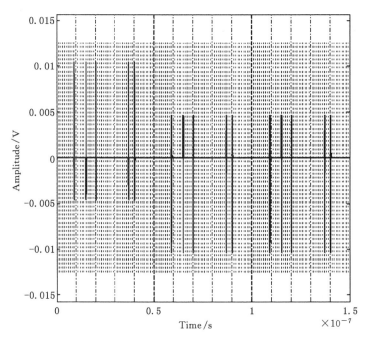

图 2.18 TH−PAM 发射脉冲波形

若用相干接收,且 TH-PPM 本地模板为 $v(t) = p_{rec}(t) - p_{rec}(t - \varepsilon)$,则输出信噪比为[138]:

$$SNR_{out}(N_u) = \frac{(N_f a_1 m)^2}{\sigma_{rec}^2 + N_f \sigma_a^2 \sum_{k=2}^{N_u} a_k^2} \tag{2.36}$$

其中, $m = \int_{-\infty}^{+\infty} p_{rec}(x) v(x) \mathrm{d}x$; $\sigma_a^2 = \frac{1}{T_f} \int_{-\infty}^{+\infty} \left[\int_{-\infty}^{+\infty} p_{rec}(x-s) v(x) \mathrm{d}x \right]^2 \mathrm{d}s$ 。

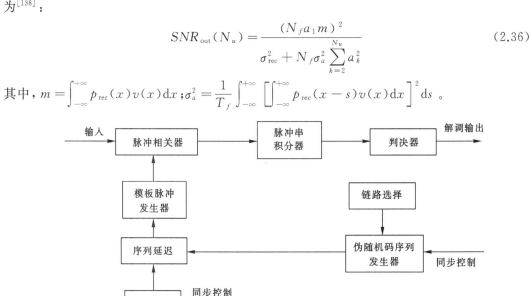

图 2.19 TH-PPM 超宽带系统接收机原理图

2.2.2.3 脉冲波形多址接入(PSMA)

脉冲波形多址接入采用正交的脉冲实现多址接入,并利用这种正交性,大大降低多址干扰。设系统中用户数为 N_u ,采用 BPSK 调制和 PSMA 多址接入,则第 k 个用户的发射信号为[138]：

$$s^{(k)}(t) = \sum_{j=-\infty}^{+\infty} d_{[j/N_f]}^k p_j^{(k)}(t - jT_f) \tag{2.37}$$

式中，$p_j^{(k)}(t)$ 为第 k 个用户第 j 个脉冲；$d_{[j/N_f]}^k \in \{\pm 1\}$ 。

文献[80]给出了利用正交尺度函数和小波函数均匀分配给多个用户实现多用户通信，保证不同用户有相同的信道容量。

经信道传输后，接收信号为[138]：

$$r(t) = \sum_{k=1}^{N_u} a_k s^{(k)}(t - \tau_k) + n(t) \tag{2.38}$$

以第一个用户为例，图 2.20 给出了相关接收的 PSMA 接收机框图。

若系统定时准确，则系统输出信噪比为[138]：

$$SNR_{\text{out}}(N_u) = \frac{(N_f a_1 R_{pp}(0))^2}{\sigma_{\text{rec}}^2 + N_f \sigma_a^2 \sum_{k=2}^{N_u} a_k^2} \tag{2.39}$$

式中，$R_{pp}(0)$ 为零点处接收脉冲的自相关系数。

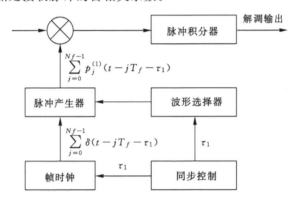

图 2.20　PSMA-BPSK 超宽带系统接收机原理图

2.2.2.4　各种多址方式比较

在超宽带通信系统中，TH 和 DS 多址方式是最常用的两种多址方式。TH 利用跳时码在时间上防止用户发生碰撞，而 DS 利用 DS 码的正交性控制脉冲极性实现多用户通信。比较而言，DS 比 TH 对远近效应较为敏感[81]。当远近效应影响较大时，DS 多址系统抗干扰能力由码元之间的互相关性决定，而此时不同用户的接收信号幅度相差较大，DS 码元的互相关性较差，因而系统的抗干扰性下降。与此同时，DS 利用多个脉冲表示一帧数据，当发送相同数据时，造成冲突的可能性较大；而 TH 系统只有跳时位置处可能发生冲突，因而概率较小，故系统的误码性能较好。

文献[138]给出了 50 Mb/s 和 200 Mb/s 的传输速率下，用户数为 1,3,5 时系统的误码率性能。从仿真结果看，无论在高速或低速超宽带系统中，TH 系统抗远近效应能力都要比 DS 的好；随着用户数的增加，这种优势更加明显。

随着系统传输速率的增加，信号的占空比不断增大，这时 TH 的优势就不那么明显了，而 DS 方案借鉴成熟的 DS-CDMA 技术，再次得到了学者们的重视。

3 煤矿井下超宽带信道模型研究

3.1 超宽带信道模型

一个准确的信道模型对通信系统的设计起着决定性的作用。对无线信道而言,根据信号传播的特性,可将其分为大尺度衰落模型和小尺度衰落模型两个部分。具体来说,大尺度衰落模型是网络规划和链路预算设计的需要,而小尺度衰落模型是有效的接收机设计和性能分析的基础。超宽带信号,因其大带宽以及极短的持续时间,其信道特性与窄带信道不同。超宽带无线通信的应用环境主要包括室内环境和室外环境,其中室内环境又可分为住宅和办公环境。一般来说,信道模型又可分为经验模型(统计模型)和理论模型(确定性模型)两种,前者是基于测量数据的分析,后者则是根据无线电波传播现象的基本原理得到的。目前,有许多超宽带测量及建模方面的研究,本节将总结过去超宽带信道模型,并对IEEE802.15.3a和IEEE802.15.4a标准超宽带信道模型进行全面介绍。

3.1.1 超宽带室内信道模型

超宽带技术的一个重要应用就是短距离的高速传输。根据FCC对无线超宽带信号功率的限制,其商业应用主要集中在建筑物内,因此超宽带室内信道模型的研究具有非常重要的意义。下面具体分析室内信道模型。

3.1.1.1 路径损耗模型

路径损耗在通信系统设计中常被用来预测系统覆盖范围。路径损耗通常利用 Friis 传输公式(估算既定系统参数时的接收信号能量)来计算。该公式表明,接收信号能量随收发天线间距离的平方衰减。此外,公式还表明,接收信号能量也随频率的平方衰减,当然这在窄带(甚至宽带)系统中表现不明显。但对超宽带系统,必须考虑频率对损耗的影响,即路径损耗既是路径的函数,又是频率的函数。即[138]:

$$PL(f,d) = PL(f)PL(d) \tag{3.1}$$

其中,$PL(f,d)$ 为总的路径损耗;$PL(f)$ 表示路径损耗与频率的关系;$PL(d)$ 表示路径损耗与距离之间的关系。

(1) $PL(d)$

标准的 Friis 传输公式利用全向电源的能流密度来计算路径损耗。自由空间中,假设发射天线的能量被均匀地辐射到各个方向,则一个全向电源的能流密度为:

$$F = \frac{EIRP}{4\pi d^2} \tag{3.2}$$

其中，$EIRP$ 为有效全向辐射功率；d 是能流密度的计算半径。则当收发天线距离为 d、接收天线有效截面为 A_e 时，接收信号功率为：

$$P_r = \frac{EIRP}{4\pi d^2} A_e \qquad (3.3)$$

这里利用天线增益 $G = \frac{4\pi}{\lambda^2} A_e$，$EIRP = P_t G_t$，代入上式得：

$$P_r = \frac{P_t G_t G_r \lambda^2}{(4\pi d)^2} \qquad (3.4)$$

其中，P_r 为接收信号功率；P_t 为发射信号功率；G_t 为发射天线增益；G_r 为接收信号增益；λ 为发射信号波长。路径损耗定义为有效的发射信号功率和接收信号功率的比值，即 $\frac{P_t}{P_r}$。这里若假设收发天线均具有单位增益，则自由空间中路径损耗 $PL(f,d)$ 为：

$$PL(f,d) = \left(\frac{\lambda}{4\pi d}\right)^2 \qquad (3.5)$$

从上式可以看出，λ 的存在说明路径损耗与频率有关。这里为了单纯分析距离对路径损耗的影响，我们定义参考距离 d_0 处接收信号功率为 P_0，则任一距离 d 处路径损耗为（$P_r(d)$ 为 d 处的接收信号功率）：

$$PL(d) = \frac{P_0}{P_r(d)} = \frac{P_0}{P_0\left(\frac{d_0}{d}\right)^2} = \left(\frac{d}{d_0}\right)^2 \qquad (3.6)$$

根据传统窄带模型，平均路径损耗 $\overline{PL}(d)$（室内室外均使用）为指数分布[84]：

$$\overline{PL}(d) \propto \left(\frac{d}{d_0}\right)^n \qquad (3.7)$$

其中，d_0 为参考距离；n 为路径损耗指数。同样，根据许多实验数据，在 LOS 环境下，超宽带系统的平均路径损耗为（$\overline{P_r}(d_0)$、$\overline{P_r}(d)$ 分别为参考距离 d_0 和距离 d 处的接收信号功率）：

$$\overline{PL}(d)_{dB} = 10\log_{10}\left(\frac{\overline{P_r}(d_0)}{\overline{P_r}(d)}\right) = -10n\log_{10}\left(\frac{d}{d_0}\right) \qquad (3.8)$$

在 NLOS 环境下，由于障碍物的存在，超宽带信号的传播会出现阴影效应，则距离 d 处的接收信号功率为：

$$P_r(d)_{dB} = P_r(d_0)_{dB} - 10n\log_{10}\left(\frac{d}{d_0}\right) + X_\sigma \qquad (3.9)$$

式中，X_σ 表征阴影衰落的大小。

（2）$PL(f)$

从式（3.5）可以看出，路径损耗与频率有关，然而这种频率依赖性由天线作用产生的。为了证明这一结论，用固定孔径天线代替全向天线，在自由空间中其能流密度为波长的函数：

$$F = P_t \left(\frac{4\pi A_{et}}{\lambda^2}\right)\left(\frac{1}{4\pi d^2}\right) = \frac{P_t A_{et}}{\lambda^2 d^2} \qquad (3.10)$$

则接收信号功率为（A_{et} 发射天线有效截面，A_{er} 接收天线有效截面）：

$$P_r = P_t A_{et}\left(\frac{1}{\lambda d}\right)^2 A_{er} \qquad (3.11)$$

对比式(3.4)和式(3.11),在式(3.4)中接收信号功率随频率的增加而增加,而式(3.11)中接收信号功率随频率的减少而增加。故路径损耗中的频率依赖性是由于天线作用产生的,而不是一个路径效应。

文献[83]测量了固定收发天线(分别采用双锥形天线和 TEM 喇叭天线)距离时,在 LOS 和 NLOS 环境下,频率从 0.1 GHz 到 10 GHz 变化,路径损耗指数 n 和标准差 σ 的变化,如图 3.1 所示,路径损耗指数 n 的曲线总体上较为平坦。根据曲线,可以计算出平均路径损耗指数 $\bar{n}$,以及路径损耗指数随频率变化的标准差 $\sigma_{\bar{n}}$。其中,双锥形天线在 LOS 和 NLOS 环境下计算值为 $(\bar{n}=1.4, \sigma_{\bar{n}}=0.10)$,$(\bar{n}=2.47, \sigma_{\bar{n}}=0.15)$,TEM 喇叭天线在 LOS 和 NLOS 环境下计算值为 $(\bar{n}=1.36, \sigma_{\bar{n}}=0.11)$,$(\bar{n}=2.46, \sigma_{\bar{n}}=0.14)$。可以看出,路径损耗指数在整个频域内变化较小。同样,根据文献[79]测量结果,路径损耗指数随频率的变化较小。与此同时,文献[82]中测量结果显示,随着带宽的增加,由阴影效应产生的衰落的标准差 σ 变小。

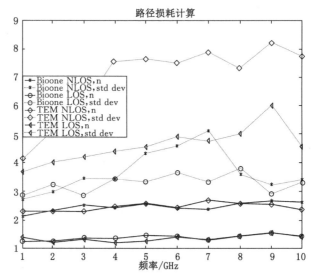

图 3.1　不同频率下路径损耗指数和标准差变化曲线

然而,随着收发天线间距离的增加,超宽带信号在传输路径上的障碍物中的传输具有频率依赖性,这会使路径损耗的频率依赖性加大[83]。文献[85~87]给出了路径损耗的频率依赖性模型(通常用频率衰减因子 δ 来表征):

$$PL(f) \propto k \cdot e^{-\delta f} \tag{3.12}$$

$$\sqrt{PL(f)} \propto f^{-\delta} \tag{3.13}$$

式(3.12)和式(3.13)分别在文献[86]和文献[87]中提出,其中文献[87]中的模型被 IEEE 803.15.4a 标准采用。文献[87]中给出了两种不同测量环境下,频率衰减因子 δ 的累积分布函数,如图 3.2 所示。其中,Office 环境为收发天线处于同一间宽 5 m,长 5 m,高 2.6 m 的屋内,并在收发天线之间放置 1.78 m×0.42 m×1.96 m 的金属柜来模拟 NLOS 环境;Office-to-Office 环境下,收发天线放置在两个相邻且形状相似的房间的三个不同地点。从图中可以看出,在 Office LOS 环境下,频率衰减因子为 1.2。

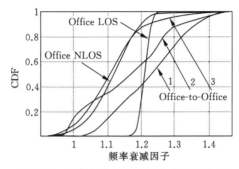

图 3.2　频率衰减因子累积分布函数曲线

3.1.1.2　阴影衰落模型

在式(3.9)中，X_σ 表征阴影衰落的大小，通常用一个对数正态随机变量表示，其对数域均值为零，标准偏差为 σ [138]。表 3.1 列出了现有超宽带室内信道模型中阴影衰落参数 σ。

表 3.1　现有室内模型中路径损耗指数和阴影标准差(同时给出了两个参数的均值和标准偏差)

研究者	n （均值）	n （标准差）	σ/dB （均值）	σ/dB （标准差）	距离/m
Virginia Tech[83]	1.3～1.4 (LOS) 2.3～2.4 (NLOS)		2.5～3 (LOS) 2.6～5.6 (NLOS)		5～49 (LOS) 2～9 (NLOS)
AT&T[88]	1.7/3.5 (LOS/NLOS)	0.3/0.97	1.6/2.7	0.5/0.98	1～15 (LOS) 1～15 (NLOS)
U.C.A.N.[89]	1.4/3.2(soft)/4.1(hard) LOS/NLOS/NLOS		0.35 LOS/1.21(soft)/ 1.87(hard) NLOS		4～14 (LOS/NLOS)
France Telecom[90]	1.5/2.5 (LOS/NLOS)				2.5～14(LOS) 4～16(NLOS)
CEA-LETI[91]	1.6 (lab)1.7(flat) LOS 3.7 (office/lab/NLOS) 5.1 (flat/NLOS)		4/4(LOS/NLOS)		1～6，1～8 (LOS) 2～20,7～17 (NLOS)
Intel[92]	1.7/4.1 (LOS/NLOS)		1.5/3.6 (LOS/NLOS)		1～11 (LOS) 4～15 (NLOS)
IKT, ETH Zurich[93]	2.7～3.3 (on body) 4.1 (around the torso)				0.15～1.05
Cassioli/Molisch/Win[94]	2.04 ($d<11$ m) $-56+74\log(d)$($d>11$ m)		4.3		8～11(NLOS) 11～13(NLOS)
Oulu Univ.[95]	1.04,1.4,1.8 LOS 3.2, 3.3, 3.9 NLOS				1～30 (LOS) 4～14 (NLOS)
Whyless[96]	1.58/1.96 LOS/NLOS				2.5～16 (LOS/NLOS)
Time Domain[97]	2.1 (LOS/NLOS)		3.6		2～21 (LOS/NLOS)

3.3.1.3 小尺度衰落模型[138]

小尺度衰落模型主要是由信道的多径效应造成的,对于超宽带信号(带宽通常大于500 MHz),多径信号波程差大于 30 cm 即可被分辨。从不同路径到达接收天线的信号幅度、相位和时延不同,故传统的小尺度衰落模型可看成一个时变的线性滤波器,即信道冲激相应 $h(t)$ 为:

$$h(t) = \sum_{i=0}^{N-1} a_i \delta(t-t_i) \tag{3.14}$$

(1)小尺度衰落信道的表征参数

◆ 可分辨的多径数量:统计不同建筑物环境内,不同的收发天线距离下,所有相对于最强路径衰减 α dB 的多径数目的均值和标准差。

◆ 多径时延扩展:描述一个脉冲信号经过多条路径到达接收天线时,总的接收信号的时间色散,也称时延扩展。时延扩展程度可通过多径信道的功率延迟分布 PDP(多径的能量分布)的测量得到。描述 PDP 函数的统计参数有参考时延 τ_A(最先到达的接收信号相对于发射信号的时延,通常设为零,后续的接收信号相对于此的时延均称为附加时延)、平均附加时延 τ_m(PDP 的一阶矩,也是多径增益平方与相应多径附加时延的加权平均值)、RMS 时延扩展 τ_{RMS}(PDP 的二阶矩均方根值,描述了平均附加时延的标准差)和最大附加时延(能接收到的多径信号时延的最大值)。

◆ 多径强度分布:代表了 RMS 时延扩展的标准偏差。

◆ 多径幅度分布:可服从不同的分布,主要依赖于测量的覆盖面积、最强信号的存在与否等其他条件。

◆ 多径到达时间。

(2)现有的小尺度衰落模型

室内的小尺度衰落模型主要有:

◆ S-V 信道模型[98]

该模型于 1972 年由 Turin 提出,后由 Saleh 和 Valenzuela 进行规范化处理,目前该模型被认为是最适合的室内超宽带传输模型,其描述为:多径信号不是按某种既定速率到达接收机,而是以簇的方式到达。簇和簇内射线的到达时间分布均服从泊松分布,不同多径信号的增益统计独立,多径信号的平均功率随簇和簇内射线呈双指数衰减,其幅度呈瑞利分布。S−V 模型的信道冲激响应为:

$$h(t) = \sum_{l=0}^{L} \sum_{k=0}^{K} a_{k,l} \exp(j\varphi_{k,l}) \delta(t-T_l-\tau_{k,l}) \tag{3.15}$$

其中,$T_l(l=0,1,2,\cdots,L)$ 是第 l 簇的时延;$a_{k,l}(k=0,1,2,\cdots,K)$ 表示第 l 簇中第 k 条路径的增益,其相位为 $\varphi_{k,l}$,它是统计独立的,是在 $[0,2\pi]$ 上均匀分布的随机变量;$\tau_{k,l}$ 是第 k 条多径分量相对于第 l 簇到达时间 T_l 的时延,由定义可知,$T_0=0$ 表示第一个簇的到达时间,$\tau_{0,l}=T_l$ 为第 l 个簇中第一条射线的到达时间;L,K 分别是观察到的簇和簇内射线的数量。L 是观察到的簇的数量满足泊松分布,即:

$$pdf_L(L) = \frac{(\bar{L})^L \exp(-\bar{L})}{L!} \tag{3.16}$$

这里簇数量的均值 $\bar{L}$ 可以描述其分布特性。

簇的到达时间服从速率为 Λ_l 的泊松过程,其分布密度函数为:

$$p(T_l \mid T_{l-1}) = \Lambda_l \exp[-\Lambda_l(T_l - T_{l-1})], l > 0 \tag{3.17}$$

簇内射线的到达时间分布函数服从速率为 λ（$\lambda \gg \Lambda_l$）的泊松分布,即:

$$p(\tau_{k,l} \mid \tau_{(k-1),l}) = \lambda \exp[-\lambda(\tau_{k,l} - \tau_{(k-1),l})], k > 0 \tag{3.18}$$

多径信号的平均功率为多径信号幅度的均方值,满足双指数分布:

$$\overline{a_{k,l}^2} = \overline{a_{0,0}^2} \exp(-T_l/\Gamma)\exp(-\tau_{k,l}/\Upsilon) \tag{3.19}$$

式中,Γ 和 Υ 为簇和簇内射线的功率延迟时间常数;$\overline{a_{0,0}^2}$ 为第一簇第一条射线的平均功率增益。

而其多径幅度 $a_{k,l}(k = 0,1,2,\cdots,K)$ 满足瑞利分布:

$$p(a_{k,l}) = (2a_{k,l}^2/\overline{a_{k,l}^2})\exp(-a_{k,l}^2/\overline{a_{k,l}^2}) \tag{3.20}$$

◆ Δ-K 信道模型[99]

它将时间轴划分为很多宽度为 Δ 的区间,设第 l 个冲激响应系数为 a_l,反射信号造成的脉冲极性变化为 P_l,它是 $+/-1$ 的等概事件,且 $20\log_{10}(|a_l|) \sim N(\mu_l,\sigma^2)$。多径信号的平均功率用单指数衰减的分布来描述,即(不能同时反映 RMS 时延和平均附加时延的变化):

$$\overline{a_l^2} = \Omega_0 \exp(-T_l/\Gamma) \tag{3.21}$$

式中,Ω_0 为第 1 簇第 1 条射线的平均功率;T_l 是第 l 个区间的附加时延;Γ 为簇的延迟因子。则 μ_l 为:

$$\mu_l = \frac{10\ln(\Omega_0) - 10T_l/\Gamma}{\ln 10} - \frac{\sigma^2 \ln(10)}{20} \tag{3.22}$$

◆ 修正的 S-V 信道模型[100]

IEEE 802.15.3a 工作组根据多个环境的实测结果,对 S-V 模型进行了修改,即修正的 S-V 信道模型。IEEE 802.15.3a 建议用对数正态分布而不是瑞利分布来描述多径幅度分布;用两个相互独立的泊松分布分别描述簇到达时间和簇内射线到达时间分布(在《超宽带信道模型标准》中有详细描述)。

◆ AT&T 信道模型[88]

AT&T 实验室根据实测结果建立模型如下:① LOS 情况,信道的冲激响应包括一个 $\tau = 0$ 处的冲激函数(Delta 函数表示该时延处存在一个强度很强的径),以及一个随着 τ 指数下降函数;② 最先到达的几个径不总是最强的,RMS 时延扩展和平均附加时延服从正态分布;③ RMS 时延扩展随着平均路径损耗的增大而增大。

LOS 环境下多径信道模型为:

$$P\bigg|_{dB} = \begin{cases} 0, \tau = 0 \\ (C + \alpha\tau + S)\mu(\tau - 0.8 \text{ ns}), \tau > 0 \end{cases} \tag{3.23}$$

式中,C 服从均值为 -6.38 dB、标准差为 1.98 dB 的正态分布;α 服从均值为 6.86 dB、标准差为 0.923 dB 的正态分布;C,α 分别为多径幅度的均值和斜率;S 均值为 -0.41,标准差满足均值为 6.86 dB、标准差为 0.923 dB 的正态分布。

NLOS 情况下模型为:

$$P_{\text{rel}}()\big|_{dB} = \alpha\tau + S \tag{3.24}$$

式中,α 是延迟常数,第一条射线为最强射线。在这种情况下,多经时延较长,强度具有指数下降的规律。S 是剩余项,假设其为高斯随机变量,均值为 0,标准差为 σ dB。

为了更清晰地对比各室内信道模型对小尺度衰落描述的差异，表 3.2 列出了现有超宽带室内信道模型中多径分量数目、平均附加时延以及 RMS 时延。

表 3.2 现有室内模型中小尺度衰落模型结果比较

研究者	τ_m /ns	τ_{RMS} /ns	多径数
LOS			
Virginia Tech(办公室)[83]	5.19	5.41	24
TDC[97]	4.95(0~4 m)	5.27(0~4 m)	24
CEA-LETI[101]	4~9	14~18	
CEA-LETI[99]	6.53(家庭)	11.45(家庭)	3.4(家庭)
	6.42(办公室)	10.07(办公室)	2(办公室)
AT&T[102]	4.7	2.3	
AT&T[103]		1.1~16.6，均值 4.7	
Intel[104]	4	9	7
802.15.3a 模型[100]	5.1	5.3	24
Janssen[109]		<20 ns(LOS 室内 10 m)	
Ghassem-zadeh[115]	4.2	8.2	
Yano[116]		5.2	
NLOS			
Virginia Tech(办公室)[83]	16	13.7	72
USC[106,107]	59~126	45~74	
TDC[97]	10.04 (0~4 m)	8.78 (0~4 m)	36.1 (0~4 m)
	14.24 (4~10 m)	14.59 (4~10 m)	61.6 (4~10 m)
CEA-LETI[101]	17~23	14~18	
CEA-LETI[99]	16.01 (4~10 m)	14.78 (4~10 m)	46.8 (4~10 m)
	18.85 (10~20 m)	17.64 (10~20 m)	75.8 (10~20 m)
AT&T[102] (门限为−15 和−30 dB)	10.3 (−15 dB) 12.4 (−30 dB)	9.3 (−15 dB) 11.5 (−30 dB)	48(−15 dB) 82 (−30 dB)
AT&T[103]		0.75−21，均值 8.5	
Intel[104]	17	15	35
802.15.3a 模型[100]	10.4/14.2	8/14.3	35/62
Hashemi[108] (各种非 UWB 室内模型)		20~50，25（小/中型办公室） <120,200（大型办公室） 70~90,<80（办公室） <100（大学） 8.3 (LOS)，8.3, 14.1 （NLOS）（办公室）	
Janssen（室内 10 m)[109]		<70 ns(NLOS)	
Win[110-114]		100 ns	

3.1.2 超宽带室外信道模型[138]

目前针对超宽带的信道模型研究主要针对室内环境,对室外环境很少提及。文献[117]利用时域测量的方法,对森林环境下超宽带信号的传输进行了实验测量,其信号带宽为 1.3 GHz,并从多径时延扩展、信道路径损耗和树木损耗三方面分析超宽带室外信道模型。

超宽带室外信道模型与室内模型类似,可以描述为式(3.14),则接收信号为:

$$x(t) = \sum_i a_i p(t - \tau_i) \tag{3.25}$$

式中,a_i 为多径幅度增益;$p(t)$ 为基带脉冲;i 为多径标识;τ_i 为多径时延。在接收端对信号进行匹配滤波[$\psi(t)$ 为 $p(t)$ 和 $p(-t)$ 的卷积]:

$$y(t) = \sum_i a_i \psi(t - \tau_i) \tag{3.26}$$

则接收功率可描述为:

$$s(t) = |y(t)|^2 = \sum_i a_i^2 |\psi(t - \tau_i)|^2 \tag{3.27}$$

设 c 为收、发机之间的距离,d 为接收机在丛林中的深度,则图 3.3 分别表示文献[117]测得的在(a) $c=10$ m,$d=0$;(b) $c=30$ m,$d=20$ m;(c) $c=50$ m,$d=40$ m 三种环境下接收信号 $x(t)$、匹配滤波器输出 $y(t)$ 以及接收功率剖面 $s(t)$ 的时域曲线。

(1) 多径时延扩展

依照 3.1.1.2 方法,可以计算出测量结果的 RMS 时延扩展 τ_{RMS} 和平均附加时延 τ_m,见表 3.3 所示。

(2) 功率衰落

设总的多径功率增益为 G,即:

$$G = \sum_i a_i^2 < 1 \tag{3.28}$$

表 3.3　森林环境 RMS 时延扩展和平均附加时延

收发机间距离/m	森林深度/m	平均附加时延 τ_m	RMS 时延扩展 τ_{RMS}
3	0	13.77	31.02
6.1	3	15.21	32.72
9.1	6.1	22.49	38.08
12.2	9.1	33.52	43.09
15.2	12.2	63.55	48.98
18.3	15.2	34.26	34.26

定义接收信号功率剖面矩为 M_n,传输脉冲矩为 m_n,有 $M_0 = \sum_i s(t_i)$,$m_0 = \sum_i \psi^2(t_i)$,则有:

$$G = \frac{M_0}{m_0} \tag{3.29}$$

空间平均功率增益 G_{av} 是收、发机间距离 d 的递减函数,则功率衰落的对数值为:

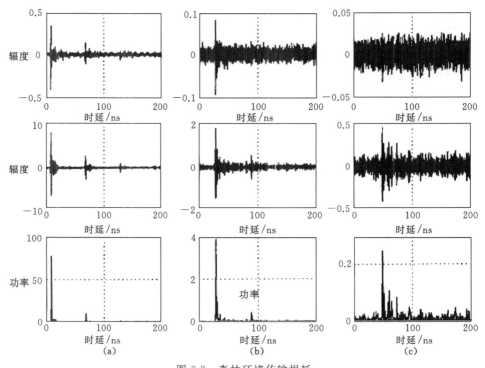

图 3.3　森林环境传输损耗

$$L(d) = -10 \log_{10} \left[\frac{G_{av}(d)}{G_{av}(d_0)} \right] \tag{3.30}$$

式中，d_0 为参考距离。功率衰落还可利用剖面矩来计算：

$$L(d) = -10 \log_{10} \left[\frac{M_0(d)}{M_0(d_0)} \right] \tag{3.31}$$

图 3.4 描述了 $L(d)$ 随距离的变化曲线。图中还给出了当 $\alpha = 2$ 和 $\alpha = 3$ 时自由空间传播损耗 $L_a(d) = -10 \log_{10}(d^{-\alpha})$ 变化曲线。

（3）树木损耗

在分析超宽带室外信道模型时，还需要考虑树木引起的衰落，简称为"树木损耗"。文献[117]表明，可以用一种窄带的树木损耗模型来描述超宽带信道的树木损耗，这种模型[118]是：

$$L_f = \begin{cases} 0.45 f^{0.284} d_f; & 0 \leqslant d_f \leqslant 14 \text{ m}, f \geqslant 0.2 \text{ GHz} \\ 1.33 f^{0.284} d_f^{0.588}; & 14 \text{ m} \leqslant d_f \leqslant 400 \text{ m}, f \geqslant 0.2 \text{ GHz} \end{cases} \tag{3.32}$$

式中，L_f 表示树木损耗的分贝值；f 为频率，GHz；d_f 表示进入森林的深度，m。

表 3.4 为频率 $f = 1.2$ GHz 时有上述窄带模型计算的树木损耗，以及文献[117]中测得的相应的树木损耗的峰值，由表中数据可以看出，该模型可以用于超宽带树木损耗模型。

常用的室外信道模型主要有——① Okumura 模型：用于预测城市地区无线传播模型，它适用的频率范围是 150～1 920 MHz，适用距离是 1～100 km，要求的天线高度为 30～1 000 m，且不适用于地形变化剧烈的地方。② Hata 模型：适用的频率为 150～1 500 MHz，可在城市环境中使用，在不同环境下，模型的参数不同。③ ITM 模型：用于 40 MHz～100 GHz 的点对点通信系统，且须知收、发间的地形情况，用双射线大地反射模型计算信

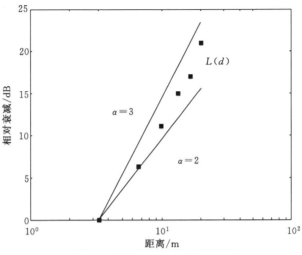

图 3.4　$L(d)$ 随距离的变化曲线

号基本功率,且利用 Fresnel-Kirchoff Knife-edge 衍射模型计算衍射损失。该模型随频率变化不明显,适合 UWB 室外信道模型分析,但它没有考虑多径衰落。

表 3.4　树木损耗的理论值和测量值

收、发机间距离/m	森林深度/m	理论损耗/dB	测量峰值/dB
3	0	0	0
6.1	3	1.5	0.4
9.1	6.1	3	2.8
12.2	9.1	4.4	4.9
15.2	12.2	5.9	7.9
18.3	15.2	7.1	8.8

3.1.3　超宽带信道模型标准

信道模型的建立对通信系统的设计及性能评估有着非常重要的意义,目前超宽带信道模型标准主要有两种:IEEE 802.15.3a 信道模型标准[100]和 IEEE 802.15.4a 信道模型标准[122]。前者适用于极短距离、极高数据率的系统(由 IEEE802.15.3a 小组提出);后者是较长距离、较低功率和低数据速率的系统(由 IEEE802.15.4a 小组提出),尤其针对超宽带定位应用。下面分别介绍这两大超宽带信道模型标准。

3.1.3.1　IEEE 802.15.3a 信道模型标准[100]

IEEE 802.15.3a 超宽带室内信道模型标准以 S-V 模型为基础,并做了以下修改:第一,将表征多径增益幅度的统计特性由原来的瑞利分布改为对数正态分布;第二,信道系数用实数而不是复数表示。IEEE 802.15.3a 信道有四种典型模型,分别记为 CM1:0~4 m 的 LOS 传播信道;CM2:0~4 m 的 NLOS 信道;CM3:4~10 m 的 NLOS 信道;CM4:严重多径信道。

（1）路径损耗模型

IEEE 802.15.3a 建议的路径损耗模型符合 3.1.1.1 中的描述，并给出了链路预算分析参数表，见表 3.5 所示。在进行实际测量估算时，我们可以参考表中的参数计算得到链路容限，其中，阴影衰落部分需要根据环境自行定义。

表 3.5　链路预算分析表

参数	取值	取值
数据速率（Rb）	> 110 Mbps	> 200 Mbps
平均发射功率（P_T）	dBm	dBm
发送天线增益（G_T）	0 dBi	0 dBi
发射信号的几何中心频率为 $f'_c = \sqrt{f_{min}f_{max}}$，其中，$f_{min}$、$f_{max}$ 分别为 −10 dB 频谱上、下频率	Hz	Hz
距发射天线 1 m 处的路径损耗：$L_1 = 20 \log_{10}(4\pi f'_c/c)$，其中 $c = 3 \times 10^8$ m/s 为光速	dB	dB
距发射天线 d m 处的路径损耗：$L_2 = 20 \log_{10}(d)$	20 dB at $d=10$ m	12 dB at $d=4$ m
接收天线的增益（G_R）	0 dBi	0 dBi
接收功率：$P_R = P_T + G_T + G_R - L_1 - L_2$ (dB)	dBm	dBm
平均每比特噪声功率：$N = -174 + 10 * \log_{10}(R_b)$	dBm	dBm
接收噪声系数（N_F）	7 dB	7 dB
修正平均每比特噪声功率：$P_N = N + N_F$	dBm	dBm
最小 E_b/N_0（SNR_{min}）	dB	dB
实现损耗[1]（I）	dB	dB
链路容限：$M = P_R - P_N - S - I$	dB	dB
提出的最小接收天线敏感度[2]	dBm	dBm

1. 实现损耗在这里只针对 AWGN 信道定义，包括滤波器失真、相位噪声和频率误差等因素引起的损失；

2. 最小接收天线敏感度定义为 AWGN 信道接收符号需要的最小平均接收天线功率，应包括编码率和调制的影响。

（2）多径模型

采用修正的 S−V 模型作为多径模型。IEEE 802.15.3a 建议用对数正态分布而不是瑞利分布来描述多径幅度分布；用两个相互独立的泊松分布分别描述簇到达时间和簇内射线到达时间分布，则多径模型可表示为：

$$h_i(t) = X_i \sum_{l=0}^{L} \sum_{k=0}^{K} \alpha_{k,l}^i \delta(t - T_l^i - \tau_{k,l}^i) \tag{3.33}$$

式中，$\{\alpha_{k,l}^i\}$ 是多径幅度系数；$\{T_l^i\}$ 是第 l 簇的时延；$\{\tau_{k,l}^i\}$ 是第 l 簇内第 k 条射线相对 T_l^i 的时延；$\{X_i\}$ 代表所有多径分量能量的对数正态阴影；i 表示第 i 个实现。则根据式

(3.17)和式(3.18)可以计算簇到达时间分布和簇内射线到达时间分布,且定义幅度 $\alpha_{k,l}^i$ 为:

$$\alpha_{k,l} = p_{k,l}\xi_l\beta_{k,l} \tag{3.34}$$

式中,ξ_l 表示第 l 簇的衰落;$\beta_{k,l}$ 表示第 l 簇内第 k 条射线的衰落;$p_{k,l}$ 表示反射导致的信号倒置,为等概率的 $+/-1$。则多径幅度增益分布为:

$$20\log_{10}(\xi_l\beta_{k,l}) \propto \text{Normal}(\mu_{k,l}, \sigma_1^2 + \sigma_2^2) \tag{3.35}$$

或者

$$|\xi_l\beta_{k,l}| = 10^{(\mu_{k,l}+n_1+n_2)/20} \tag{3.36}$$

这里 $n_1 \propto \text{Normal}(0, \sigma_1^2)$,$n_2 \propto \text{Normal}(0, \sigma_2^2)$ 相互独立,表示每一簇和每条射线的衰落。而 $\mu_{k,l}$ 分布为:

$$\mu_{k,l} = \frac{10\ln(\Omega_0) - 10T_l/\Gamma - 10\tau_{k,l}/\gamma}{\ln(10)} - \frac{(\sigma_1^2 + \sigma_2^2)\ln(10)}{20} \tag{3.37}$$

则多径信号功率分布为:

$$E\left[|\xi_l\beta_{k,l}|^2\right] = \Omega_0 e^{-T_l/\Gamma} e^{-\tau_{k,l}/\gamma} \tag{3.38}$$

其中,Ω_0 为第 1 簇第 1 条射线的平均能量;T_l 是第 l 个簇的附加时延;Γ 和 Υ 为簇和簇内射线的功率延迟时间常数。这里没有用复数模型,而在窄带系统中,常用复数基带模型来表示信道独立于载波频率的现象,但在超宽带系统中,射频段用实数仿真更加适合。

利用 $\{X_i\}$ 将所有多径能量进行归一化处理,则:

$$20\log_{10}(X_i) \propto \text{Normal}(0, \sigma_x^2) \tag{3.39}$$

根据以上描述,IEEE 802.15.3a 设置四种不同信道环境(CM1~CM4)下的多径参数(见表 3.6),在采样时间 167 ps 抽取 100 个信道进行了信道仿真。图 3.5~图 3.11 根据表中模型参数设置,对 CM1 信道进行了仿真,并从仿真中得到了信道模型的特性参数,如表 3.6 所示,与表中目标信道特性值比较可以看出,模型参数的设置基本符合实际信道要求。

表 3.6　IEEE 802.15.3a 模型信道特性以及模型参数

目标信道特性	CM1	CM2	CM3	CM4
平均附加时延 τ_m /ns	5.05	10.38	14.18	
RMS 时延 τ_{rms} /ns	5.28	8.03	14.28	25
幅度是最强径 10 dB 以内的多径数 NP_{10dB}			35	
占总能量的 85% 多径数 NP	24	36.1	61.54	

表 3.6(续)

模型参数				
簇到达速率 Λ/(1/ns)	0.0233	0.4	0.0667	0.0667
射线到达速率 λ/(1/ns)	2.5	0.5	2.1	2.1
簇衰减因子 Γ	7.1	5.5	14.00	24.00
射线衰减因子 γ	4.3	6.7	7.9	12
簇对数正态衰落标准偏差 σ_1/dB	3.3941	3.3941	3.3941	3.3941
射线对数正态衰落标准偏差 σ_2/dB	3.3941	3.3941	3.3941	3.3941
总多径对数正态衰落标准偏差 σ_2/dB	3	3	3	3
模型信道特性				
平均附加时延 τ_m/ns	5.0	9.9	15.9	30.1
RMS 时延 τ_{rms}/ns	5	8	15	25
幅度是最强径 10 dB 以内的多径数 NP_{10dB}	12.5	15.3	24.9	41.2
占总能量的 85% 多径数 NP	20.8	33.9	64.7	123.3
平均信道能量/dB	−0.4	−0.5	0.0	0.3
信道能量标准偏差/dB	2.9	3.1	3.1	2.7

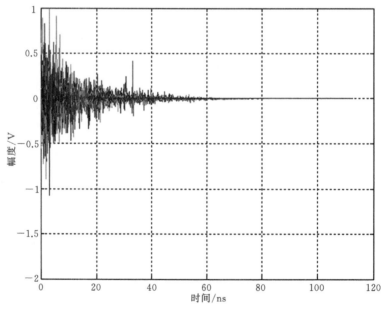

图 3.5　CM1 信道冲激响应

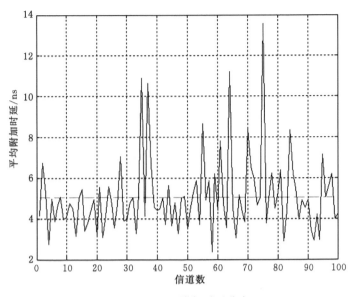

图 3.6　CM1 附加时延分布

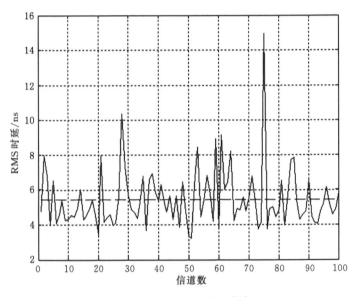

图 3.7　CM1RMS 时延分布

3.1.3.2　IEEE 802.15.4a 信道模型标准[122]

该模型提出路径损耗模型是频率和距离的函数,满足修正 S−V 模型的多径模型,以及满足 Nakagami 分布小尺度衰落模型。它包括:2~10 GHz 的超宽带室内信道模型(住宅 7 ~20 m)、2~8 GHz 的超宽带室内信道模型(办公室 2~28 m)、3~6 GHz 的超宽带室外信道模型(5~17 m)、超宽带室外农村信道模型、超宽带室外工业信道模型(2~8 m)、100~ 1 000 MHz的室内办公环境下的信道模型、2~6 GHz 的身体四周的信道模型和 1 MHz 载频的窄带信道模型。

(1) 路径损耗模型

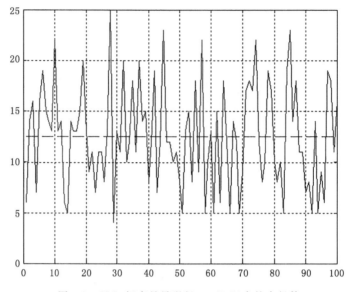

图 3.8　CM1 幅度是最强径 10 dB 以内的多径数

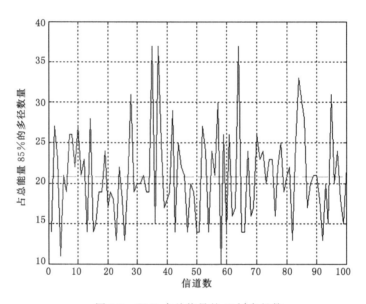

图 3.9　CM1 占总能量的 85% 多径数

如同式(3.1)所示,路径损耗是频率的函数,也是距离的函数。IEEE 802.15.4a 信道模型建议使用式(3.13)和式(3.9)来表征信道的路径损耗。其中,频率对路径损耗的影响因子 K 取 2;距离对路径损耗的影响因子与所处环境有关,如在 LOS 环境下,一般 n 取 1~2,在 NLOS 环境下,n 一般取 3~7;阴影效应 S 服从高斯分布,其均值为 0,标准偏差为 σ_s。

(2) 多径模型

信道的冲激响应满足式(3.15),簇到达时间和簇内射线的到达时间满足泊松分布,见式(3.17)和式(3.18)所示。由于室内住宅、办公室环境和室外环境不同,故射线的到达时间被定义为混合泊松分布,即:

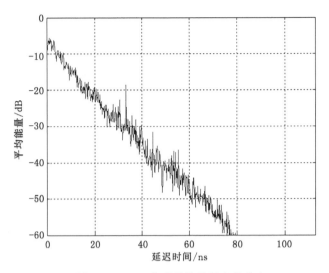

图 3.10　CM1 信道平均能量衰落分布

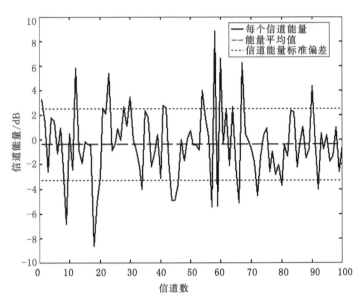

图 3.11　CM1 信道能量分布

$$p(\tau_{k,l} \mid \tau_{(k-1),l}) = \beta\lambda_1\exp[-\lambda_1(\tau_{k,l} - \tau_{(k-1),l})] +$$
$$(1-\beta)\lambda_2\exp[-\lambda_2(\tau_{k,l} - \tau_{(k-1),l})], k > 0 \qquad (3.40)$$

式中，β 是混合概率；λ_1 和 λ_2 是射线的到达速率。

定义每簇内平均功率时延分布满足指数分布，即：

$$E\{\mid a_{k,l} \mid^2\} = \Omega_l \frac{1}{\gamma_l[(1-\beta)\lambda_1 + \beta\lambda_2 + 1]}\exp(-\tau_{k,l}/\gamma_l) \qquad (3.41)$$

式中，Ω_l 表示第 l 簇的能量；γ_l 是簇内延迟时间常数。对 γ_l 与簇到达时间有如下线性关系：

$$\gamma_l \propto k_\gamma T_l + \gamma_0 \qquad (3.42)$$

式中，k_γ、γ_0 均为簇的衰减时间因子。

一般地，第 l 簇的能量 Ω_l 的衰减服从指数分布：

$$10\log(\Omega_l) = 10\log(\exp(-T_l/\Gamma)) + M_{\text{cluster}} \tag{3.43}$$

其中，Γ 表示簇能量损耗参数；M_{cluster} 服从正态分布，其标准差为 σ_{cluster}。

当处于办公室或工业环境时，且在非视距条件下，功率时延包络具有不同的形状，统一定义为：

$$E\{|a_{k,l}|^2\} = (1 - \chi \cdot \exp(-\tau_{k,l}/\gamma_{\text{rise}})) \cdot \exp(-\tau_{k,l}/\gamma_l) \frac{\gamma_l + \gamma_{\text{rise}}}{\gamma_l} \cdot \frac{\Omega_l}{\gamma_l + \gamma_{\text{rise}}(1 - \chi)} \tag{3.44}$$

其中，χ 为首径的衰减；γ_{rise} 决定了功率延迟包络到达最大值的速率；γ_l 与时间成反比。

（3）小尺度衰落

一般小尺度衰落的幅度服从 Nakagami 分布，即：

$$pdf(x) = \frac{2}{\Gamma(m)} \left(\frac{m}{\Omega}\right)^m x^{2m-1} \exp\left(-\frac{m}{\Omega}x^2\right) \tag{3.45}$$

式中，$m \geq 1/2$ 是 Nakagami 的 m 因子；$\Gamma(m)$ 是伽马函数；Ω 是幅度的均方值。Nakagami 分布可通过改变参数 m 转化为莱斯分布。m 定义为服从均值为 μ_m、标准差为 σ_m 的对数正态分布的随机变量，μ_m 和 σ_m 均有延迟特性，即：

$$\mu_m(\tau) = m_0 - k_m\tau$$
$$\sigma_m(\tau) = \hat{m}_0 - \hat{k}_m\tau \tag{3.46}$$

每簇的首径 Nakagami 的 m 因子均被认为是固定的，与时间的变化无关，即 $m = \overline{\overline{m_0}}$。

根据以上描述，IEEE 802.15.4a 设置不同信道环境下的信道参数，以室内环境为例，见表 3.7 所示。

IEEE802.15.4a 标准信道模型根据参数的设置不同对不同信道环境进行了仿真。根据仿真结果，当收、发机距离相同时，相比 LOS 环境，NLOS 环境下信号的传输时延更大。在 NLOS 环境下，信号的延时和衰减均随距离的变大而增加。在极端恶劣的环境下，多径信号会相互重叠，造成整个信道特征不明显，因此，在实际通信中，应采取相应措施尽量避免这种情况。

表 3.7　IEEE 802.15.4a 模型室内信道模型参数

测试环境	LOS		NLOS	
	住宅	办公室	住宅	办公室
路径损耗				
1 m 处路径损耗 PL_0	43.9	36.6	48.7	51.4
路径损耗因子 n	1.79	1.63	4.58	3.07
阴影衰落标准偏差 σ_s		1.9		3.9
阴影衰落 S/dB	2.22		3.51	
天线损耗 A_{ant}/dB	3	3	3	3
路径损耗频率因子 $k/[\text{dB}/\text{倍频}]$	1.12 ± 0.12	-3.5	1.53 ± 0.32	5.3

表 3.7(续)

测试环境	LOS		NLOS	
	住宅	办公室	住宅	办公室
功率延迟包络参数				
平均簇数量 $\overline{L}$	3	5.4	3.5	1
簇到达速率 $\Lambda/[1/ns]$	0.047	0.016	0.12	
射线到达速率 $\lambda_1,\lambda_2/[1/ns]$, β	1.54,0.15,0.095	0.19,2.97,0.0184	1.77,0.15,0.045	
簇衰减系数 Γ/ns	22.61	14.6	26.67	
簇衰减时间常数 k_γ	0	0	0	
簇衰减时间常数 γ_0/ns	6.4	3	17.50	
簇阴影标准差 $\sigma_{cluster}/dB$		9.9	2.93	
小尺度衰落参数				
Nakagami 分布 m 因子平均值 m_0/dB	0.67	0.42	0.69	0.50
Nakagami 分布 m 因子平均值 k_m	0	0	0	0
Nakagami 分布 m 因子标准偏差 $\overline{m_0}/dB$	0.28	0.31	0.32	0.25
Nakagami 分布 m 因子标准偏差 $\overline{k_m}$	0	0	0	0
强多径 Nakagami 分布 m 因子 $\overline{\overline{m_0}}$	20.8		64.7	
功率延迟包络参数 γ_{rise}	−0.4		0.0	15.21
功率延迟包络参数 γ_1	2.9		3.1	11.84
功率延迟包络参数 χ				0.86

3.2 煤矿井下超宽带传播特性

煤矿井下传播环境与传统的地面环境相比,有很大差异。煤矿巷道没有地面室外传播环境开阔,同时它是空间受限的相对封闭的环境,具有矩形、拱形等横截面,且具有几百甚至几千米的纵向长度。因而电磁波在巷道中的传播,受到工作频率、巷道截面尺寸、巷道弯度、粗糙程度以及是否存在分支等影响,使得地面现有的无线通信技术无法在井下使用。对于超宽带技术这样一种新兴的通信技术,要想使其在煤矿井下得以应用,就必须首先分析超宽带信号在巷道中的传播特性。根据前面的分析方法,对煤矿井下超宽带信道分析如下。

3.2.1 大尺度衰落特性

对超宽带系统来说,路径损耗模型可以简单地描述为频率和距离的函数:

$$PL(f,d)=PL(f)PL(d) \tag{3.47}$$

(1) $PL(d)$

为了测试巷道中路径损耗与距离的关系,通常分两种情况测试:一种情况,收、发信机均放置在直巷道中,固定发信机位置,沿巷道每隔一定距离移动收信机,并测试接收信号的强度变化,从而模拟 LOS 情况;另一种情况,收、发信机放置在巷道拐弯处,或者收信机放置在分支巷道中,沿巷道每隔一定距离移动收信机,测试接收信号强度变化,从而模拟 NLOS 情况。为了测试简便起见,通常利用矢量网络分析仪、超宽带天线等进行频域测量,最后对接收信号进行校正、加窗、傅立叶反变换,并通过设置门限以及时间零点得到最终的信道时域冲激响应,从而建立煤矿井下巷道的超宽带信道模型。

在巷道中,任意地点 d 处超宽带信号的平均路径损失定义为:

$$PL(d) = -10 \log_{10} \sum_{i=1}^{N} \sum_{j=1}^{M} |H(f_i, f_j, d)|^2 \qquad (3.48)$$

式中, $H(f_i, f_j, d)$ 表示距离 d 处频率 f 第 j 个信道转移函数; N 是观测的频率点; M 是随时间变化的频率响应数。根据式(3.9),相对参考距离 d_0,距离 d 处的路径损耗为:

$$PL(d) = PL(d_0) + 10n \log_{10}\left(\frac{d_0}{d}\right) + S(d), d \geqslant d_0 \qquad (3.49)$$

式中, n 为路径损耗因子; $PL(d_0)$ 为参考距离 d_0 处的路径损耗,在测试时,可以设为第一次测量的接收信号强度值; $S(d)$ 是阴影衰落,随测试地点的不同变化。

式(3.49)被用来计算冲激响应的空间平均功率。在测试时,通常利用线性回归分析拟合测试数据,获得各参数值的大小。文献[119]拟合了巷道内 LOS 和 NLOS 环境测试结果,给出了随距离变化的对数路径损耗曲线,如图 3.12 所示。

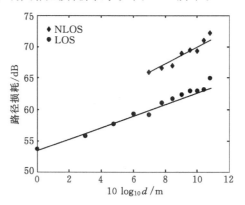

图 3.12　路径损耗随收、发机间距离变化曲线

阴影衰落 $S(d)$ 被认为是零均值高斯分布,其标准偏差为 σ_s。文献[119]拟合了巷道内 LOS 和 NLOS 环境测试结果,给出了对数阴影衰落的累积分布曲线,如图 3.13 所示。

(2) $PL(f)$

巷道内路径损耗随频率变化的函数,可以类似地定义为 $\sqrt{PL(f)} \propto f^{-\delta}$ 。如图 3.14 所示,文献[120]给出了煤矿巷道 LOS 和 NLOS 环境下,由测试数据拟合的路径损耗随频率变化曲线。由图可知,频率变化因子 $\delta = 1.1$ (LOS), $\delta = 1.4$ (NLOS)。

3.2.2　小尺度衰落特性

煤矿井下巷道的冲激响应数学模型可以利用带有复数权值和不同时延的线性滤波器来描述,即:

$$h(d, t, \tau) = \sum_{k=1}^{N} a_k(d, t) \delta(t - t_k(d, t)) \exp(j\theta_k(d, t)) \qquad (3.50)$$

式中, N 为可分辨的多径数量; a_k、t_k 和 θ_k 分别是多径分量的随机幅度、到达时间和相位; d

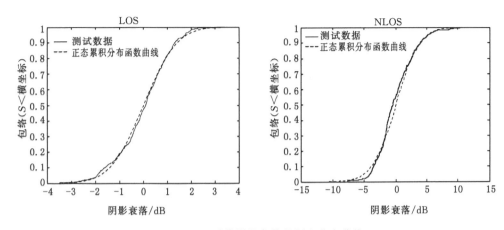

图 3.13 对数阴影衰落的累积分布曲线

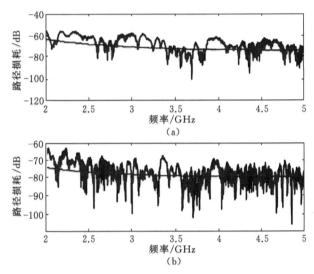

图 3.14 路径损耗随频率变化曲线
(a) LOS 情况;(b) NLOS 情况

代表了接收机所在位置。根据超宽带小尺度信道模型的分析,常用到均方根(RMS)时延参数以及平均附加时延参数表征巷道内小尺度衰落的大小。

根据 3.3.1.3 的分析,RMS 时延定义为:

$$\tau_{\mathrm{RMS}}=\sqrt{\dfrac{\displaystyle\sum_{k=1}^{N}a_k^2(\tau_k-\tau_f-\tau_m)}{\displaystyle\sum_{k=1}^{N}a_k^2}} \tag{3.51}$$

式中,τ_f 为超过门限的首径到达时间;τ_k 为多径分量的到达时间序列;τ_m 为平均附加时延,定义为:

$$\tau_m = \sqrt{\frac{\sum_{k=1}^{N} a_k^2 (\tau_k - \tau_f)}{\sum_{k=1}^{N} a_k^2}} \tag{3.52}$$

如图 3.15 和图 3.16 所示,文献[119]给出了巷道中 LOS 和 NLOS 情况下,设置不同门限时,RMS 时延累积分布曲线和平均时延分布曲线。从图中可以看出,RMS 时延和平均附加时延满足正态分布,且 NLOS 情况下,信道的 RMS 时延随测试点位置变化比较大。这是因为这种情况下,巷道内散射现象严重,因而到达接收机的多径数量较多。表 3.8 给出了根据累积分布曲线得到的 RMS 时延和平均附加时延的均值和标准偏差。

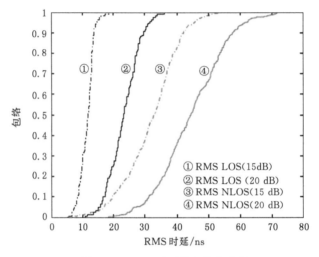

图 3.15　RMS 时延累积分布曲线

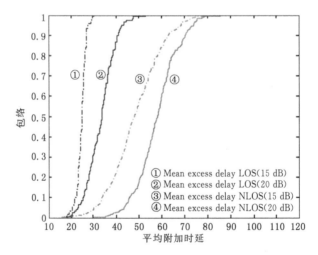

图 3.16　平均附加时延累积分布曲线

表 3.8　RMS 时延和平均附加时延均值

	τ_{RMS}/ns		τ_m/ns	
	$\mu_{\tau RMS}$	$\sigma_{\tau RMS}$	$\mu_{\tau RMS}$	$\sigma_{\tau RMS}$
LOS(15 dB)	11.8	4.4	22.61	3.4
LOS(20 dB)	23.6	5.14	33.76	5.72
NLOS(15 dB)	29.07	8.8	49.42	12.04
NLOS(20 dB)	44.38	10.6	58.30	8.46

3.2.3　与其他 UWB 信道模型参数的比较

现有很多 UWB 信道模型,由于测试环境的不同,模型参数也有所不同。表 3.9 列举了现有地面 UWB 信道模型参数和矿井巷道 UWB 信道模型参数,从表中可以看出,UWB 信号在矿井巷道中大尺度衰落较小,小尺度衰落较大。但根据文献[99],对个人局域网络地面的典型应用,当收发天线间距离为 10 m 或更短时,τ_{RMS} 为 25 ns 可以作为一个很好的初始起点。

表 3.9　煤矿井下超宽带信道模型参数与现有超宽带信道模型参数表

研究者	路径损耗参数		阴影衰落参数		RMS 时延		平均附加时延		频率/GHz	距离/m	环境
	LOS	NLOS	LOS	NLOS	LOS	NLOS	LOS	NLOS			
France Telecom[121]	1.62	3.22	1.7	5.5	4.1	9.9			3.1~10.6	1~20	办公区
Intel[104]	1.72	4.09	1.48	3.63	9	11.5	3	10	2~8	1~11 (LOS) 4~15 (NLOS)	居民区
CEA-LETI[101]	1.63	3.68			10.07	14.78	6.42	16.01	2~6	4~10	图书馆
IKT,ETH Zurich[123]	2.7~3.3 (靠近人) 4.1(走廊)				1.4~2.1, 2.2~7.5	1.4~2.1, 7.3~9.9	1.2~1.4, 4.7~11.3	1.1~1.3, 5.5~18.1	3~6	3~6 (LOS) 0.15~0.28 (NLOS)	身体
Aquila Univ.[124]	2.5~2.6		2.11~5.23		5~11		1~4.5			1~25	森林
LRCS[119]	1.47	2.45	1.1	2.95	11.8	29.07	22.61	49.42	2~5	1~12 (LOS) 5~12 (NLOS)	井下

当传统窄带系统与宽带系统相比时,根据文献[84],传统窄带系统在室内 LOS 环境下,路径损耗指数为 1.6～1.8,在室内 NLOS 环境,路径损耗指数为 4～6。此外,文献[99]和文献[105]也指出传统窄带和宽带信号在矿井巷道中路径衰落指数的均值为 2.16,τ_{RMS} 在 LOS 情况下为 19 ns,而在 NLOS 情况下 τ_{RMS} 为 25～42 ns。相比之下,矿井巷道中超宽带信道的 RMS 时延和平均附加时延要小得多,因此,矿井巷道中很适合利用 UWB 技术实现高速数据传输,这使超宽带技术在矿井中的应用成为可能。

4 煤矿井下超宽带传输参考接收方案研究

4.1 超宽带接收技术综述

超宽带系统利用极短脉冲序列实现数据传输,因此,有效地进行脉冲序列检测和恢复是超宽带接收技术的主要任务。从硬件结构上看,由于超宽带发射端不需要对发射信号进行射频调制,而利用脉冲波形的大带宽进行基带数据传输,大大简化了系统的结构。如图 4.1 所示,在发射端,利用用户要发射的数据和用户的地址调制脉冲序列,然后通过超宽带天线发射出去。接收端,超宽带天线接收脉冲序列,并利用匹配滤波、相关检测或其他接收技术对脉冲序列进行检测和还原,最终得到通信数据。

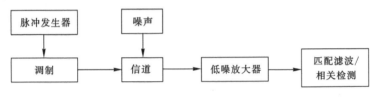

图 4.1 超宽带系统框图

由于极窄脉冲的应用,超宽带系统的时间分辨率很高,例如当脉冲宽度为 1 ns 时,超宽带系统可分辨波程差大于等于 30 cm 的多径分量。不仅如此,由于超宽带系统往往工作在室内环境,即到达接收端的信号往往是很多个多径分量的集合。这造成了接收端信号能量的分散。因此,要使接收端正确有效地还原发射数据,就必须采用相应的接收算法收集更多的信号能量。从接收检测方法上,根据接收端是否需要恢复多径信号分为相干接收技术和非相干接收技术[125]。

相干接收技术,通过匹配滤波器来还原并合并多径成分,提高接收机的信噪比,从而提高系统性能,其典型的接收方案为 Rake 接收技术。非相干接收技术根据实现原理不同分为基于自相关检测的传输参考接收技术和基于能量检测的接收技术。前者通过发射参考信号,并在接收端利用参考信号作为模板,将其和数据信号进行相关运算检测并判断接收到的数据。后者首先通过前置滤波器滤除接收信号的带外噪声,然后通过平方运算计算接收信号能量,并对其进行积分,最后将积分结果与事先计算的判决门限比较,得到相应的发射数据。下面分别介绍这几种接收技术,并对它们的优缺点进行比较。

4.1.1 Rake 接收技术

由于超宽带信号传播时将产生很多可分辨的多径分量,这些分量均包含发射信号的信息。Rake 接收技术[126]的目的就是通过收集这些可分辨的多径信号,并通过合并接收到的多径分量提高接收端的信噪比,从而降低系统的误码率性能。因此,Rake 接收技术的工作原理可分为两部分:多径收集和多径合并。如图 4.2 所示,接收端首先通过信道估计和同步模块产生本地模板,再将本地模板的不同延时与接收信号进行相关运算,最后利用相关器组各输出的强度,对各相关值进行加权、合并,从而得到输出信号。

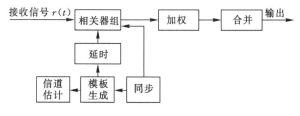

图 4.2 Rake 原理框图

由图 4.2 可以看出,Rake 接收技术不仅仅是一系列相关接收机的组合,它同时对相关器组的各输出进行加权,将某些严重衰落的多径分量乘以较小的权值,有效降低其对系统误码率性能的影响。在理想的信道估计和理想同步结果下,影响 Rake 接收性能的因素主要有两个:一是如何有效地收集多径分量;二是如何对相关器组各输出值进行加权合并。

4.1.1.1 多径收集策略[138]

(1) A-Rake

全 Rake 接收(A-Rake)是指收集所有可分辨的多径能量,即相关器的个数与接收到的可分辨的多径数目相同,如图 4.3(a)所示。经证明,A-Rake 接收技术结合适当的多径合并方法,可以接近高斯白噪声信道的性能。但同时,A-Rake 的实现要求接收机能实时地确定全部多径分量的损耗系数和多径延时,这样才能产生与多径分量完全一致的本地相关模板。超宽带系统可分辨的多径数目很大,且某些多径并不能完全分离,因此,A-Rake 是一种理想情况下的接收技术,实际情况下的多径收集数目往往要小得多,但 A-Rake 的性能可作为系统性能的上限值,给新的接收技术的设计带来参考。

(2) S-Rake

选择 Rake 接收[128](S-Rake)是指接收机只收集能量最大的 L 个多径的能量,如图 4.3(b)所示。若接收端相关其数目一定,这种接收技术会收集到最多的多径能量。与 A-Rake 相比,这种接收技术需要的相关器数目较少,但它需要在接收端添加功率检测模块,以跟踪多径分量确定能量最大的 L 个多径。因此,S-Rake 减少了多径处理数目,降低了算法复杂度,但同时对所有多径分量功率估计的处理使得系统复杂度仍然较高。

(3) P-Rake

部分 Rake 接收(P-Rake)是指收集最先到达接收机的 L 个多径的能量,如图 4.3(c)所示。这种方法不对多径分量进行处理,直接对最先到达的多径分量进行合并,降低了系统的复杂度。

图 4.4 和图 4.5 给出了 CM1 和 CM4 信道模型下,不同多径收集方案在不同收集多径

数目情况下接收性能曲线。仿真中用脉宽为 0.5 ns 的高斯二阶脉冲作为基脉冲,进行 TH-PPM调制,每比特数据用一个脉冲表示,$N_s=1$,且帧周期 $T_f=60$ ns,发送的数据比特 为 200 个,采用 MRC 合并策略,且利用软判决确定接收数据。

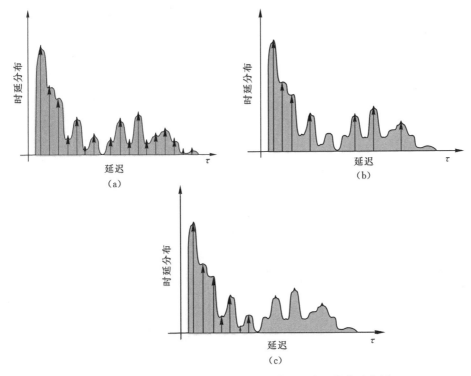

图 4.3　不同收集方式 Rake 接收机多径接收示意图

随着多径收集数量的增加,S-Rake 和 P-Rake 的接收性能逐渐接近 A-Rake,当收集多 径数目 $L=100$ 时,三种方式下接收机的性能基本相同。这是由于,随着处理多径数目的增 加,S-Rake 和 P-Rake 收集到的多径能量增大,系统的信噪比逐渐提高,接收性能也较之前 有很大改善,也逐渐逼近 A-Rake 性能。此外,在收集多径数目一致的前提下,S-Rake 的性 能总是优于 P-Rake 的性能。这是因为 S-Rake 选择能量最大的 L 个多径收集合并,信噪比 较 P-Rake 提升较大。比较图 4.4 和图 4.5,在 NLOS 信道中,直达路径由于受到障碍物的阻 挡并不是能量最大的多径分量,因此,S-Rake 接收方案的系统性能明显优于 P-Rake 接收方 案。

4.1.1.2　多径合并策略[130]

合并策略又分为相干方式和非相干方式。相干方式首先对多径分量的相位进行估计并 补偿;非相干方式不需要对多径分量的相位进行估计,而是直接对多径分量的幅度或者能量 进行估计并补偿。

假设到达接收机的信号为:

$$r(t)=\sum_{l=1}^{L}a_l s(t-\tau_l)+n(t) \tag{4.1}$$

其中,$s(t)$ 是发射的超宽带信号;L 是收集到的多径分量;a_l 为第 l 个多径分量的信道衰减 系数,且 $a_l=|a_l|\mathrm{e}^{j\theta_l}$,$\theta_l$ 是多径分量的相位,$\theta_l=0$ 或 π 表示幅度是正或负;τ_l 是第 l 个多

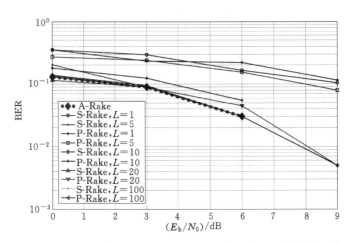

图 4.4　CM1 信道下各种 Rake 多径收集方案的系统性能比较

径分量延时；$n(t)$ 是信道中的加性高斯白噪声。

　　假设相关器中共有 L 个相关器，则每个相关器的输出为 $Z_l(l=1,2,\cdots,L)$，然后利用系数 $C_l(l=1,2,\cdots,L)$ 对各相关器的输出进行加权，最后合并成总的输出为 $Z=\sum\limits_{l=1}^{L}C_lZ_l$。不同的多径合并方案系数 $C_l(l=1,2,\cdots,L)$ 不同，即合并方式也不同。前两种是相干方式，后两种是非相干方式。

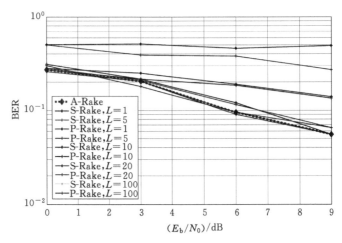

图 4.5　CM4 信道下各种 Rake 多径收集方案的系统性能比较

（1）EGC

等增益合并是指将收集到的各多径分量在时间上对齐相加，得到判决量。即：

$$Z=\sum_{l=1}^{L}Z_l \tag{4.2}$$

每个相关器的输出为：

$$Z_l=\mathrm{e}^{j\theta_l}\int_0^{T_{\mathrm{rec}}}r(t-t_l)v(t)\mathrm{d}t \tag{4.3}$$

其中，$v(t)$ 为相关器的本地模板；T_{rec} 为接收脉冲的持续时间。等增益合并是仅对相位估计、不需幅度估计的方案。

（2）MRC[129]

最大比合并是指将收集到的各多径分量加权，然后合并产生判决量，其中，加权系数通过多径分量的信噪比产生，即加权系数正比于各接收多径信号强度。它是既需要相位估计又需要幅度估计的方案。每个相关器的输出同式(4.3)，加权系数为：

$$C_l = kZ_l \tag{4.4}$$

其中，K 为常数。

（3）AC[138]

绝对值合并是将收集到的各多径分量按幅度绝对值产生加权系数并合并。

（4）PE＋AC[138]

能量估计绝对值合并是指将各相关器输出进行平方，再进行合并。

图 4.6 为三种不同合并方案下的系统性能比较。仿真使用 PPM 调制下的 Scholtz's 脉冲序列，多径数目选择为 32。从图中可以看出，在收集多径数目一致的条件下，MRC 的系统性能最好，PE-AC 次之，最差的是 EGC 合并方案。这是由于 MRC 根据接收信号的信噪比对相关器输出进行加权，有效地降低了噪声，提高了系统性能。而 PE-AC 不需要对多径幅值进行估计，因此是折中系统性能和复杂度的合并方案，因此性能居中。

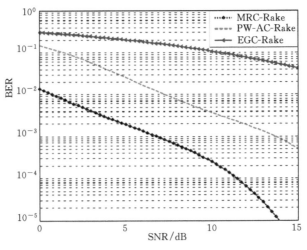

图 4.6　三种 Rake 多径合并方案的系统性能比较

4.1.2　传输参考接收技术

传输参考接收技术(Transmitted-Reference，TR)是指发射参考脉冲和数据脉冲的组合脉冲，接收端利用参考脉冲作为数据脉冲的模板，相关解调。由于参考脉冲和数据脉冲间间隔小于信道的相干时间，因此认为参考脉冲和数据脉冲带有相同的信道信息[125]。

图 4.7 给出了 TR 接收技术发射端和接收端的原理图。如图所示，发射端由延时器产生参考脉冲和调制的数据脉冲组合的发射信号，且参考脉冲与数据脉冲之间延时小于信道的相干时间。接收端首先将接收到的信号进行滤波放大，滤除一定的噪声干扰；再利用延时器产生一定延时的接收信号版本，延迟时间即为参考脉冲与数据脉冲的时间间隔；然后将接

收信号的延时版本和原始版本相乘;最后经过积分判决得到最终的信息。

与 Rake 接收技术相比,TR 接收技术不需要复杂准确的信道估计,大大降低了系统实现的复杂度,同时 TR 接收技术利用发射的参考信号作为模板,因而对同步的精度要求较低,但接收信号中参考脉冲的噪声部分给系统的误码率性能带来很大影响,同时参考脉冲的发射使得系统的传输信息速率受到很大影响。

TR 接收技术最早由 C.K.Rushfort 于 1964 年提出,应用于随机或未知信道中[125]。2002 年,R.Hoctor 和 H.Tomlinson[131]第一次将该技术应用于 UWB 系统中。由于 TR 接收技术需要使用模拟延时线产生参考脉冲与数据脉冲的延时,因而其系统复杂度也不低。同时,模拟延时线的存在为系统的误码率性能的改善提供了可能。文献[126]提出了一种平均 TR(ATR)接收技术,它利用提取的多个参考脉冲的平均来降低参考脉冲中噪声对系统性能的影响,但模拟延时线的精确性和体积限制了 TR 接收机的实现及误码率性能。文献[127,132]给出了一种加权 TR 接收技术,并给出了几种加权方法。它通过对接收信号中不同信噪比部分进行加权处理来提高系统的信噪比,从而提高系统误码率性能,但同时也增大了系统的复杂度。文献[126]给出了一种差分 TR 接收技术,它利用差分编码的原理,在不发射参考脉冲的前提下,利用自相关技术实现 TR 接收,这大大提高了系统的数据传输速率。

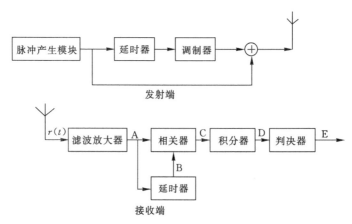

图 4.7 TR 接收技术原理图

由于差分编码的存在,使得当前接收信号受到前后两个数据的影响,其固有的传播错误现象影响了系统性能。文献[133]讨论了 ATR 和 DTR 的传播效率,并指出两者的能量效率相同。为了在不影响系统性能前提下提高系统传输数据速率,文献[134]提出了一种双脉冲 TR 传输接收方法。该方法原理与 TR 接收方法类似,不同的是参考脉冲与数据脉冲中间的时间间隔减小,这提高了系统的数据传输速率,降低了对模拟延时线长度的要求,同时也避免了不同数据之间的影响,但这种方法在多径效应严重的信道中会产生脉冲间干扰。文献[135]在此基础上,提出了解决方案。该方案对一帧内参考脉冲和数据脉冲进行正交编码调制,然后利用码字之间的正交性,通过平均操作消除脉冲间干扰。当然,由于平均操作的存在,方案对模拟延时线的长度要求较高。文献[136]提出了一种正交平衡编码 TR 接收方法,它不需要发射参考脉冲,仅仅对发射数据脉冲序列进行比特分组正交编码调制,接收端利用与发射信号波形一致的平衡匹配滤波器,实现接收信号的判别。另外,文献[137]提出了一种频移 TR 接收方法,它不需要模拟延时线,而是利用脉冲串之间的频移,使得参考脉冲和数据脉冲在一个比特长度之内保持准正交。接收端利用这种正交性,将他们分离开来。但当系统数据传输速率较高时,正交性难以满足,从而使系统的性能降低。4.2 节中分别就几种 TR 接收方法的原理以及系统的误码率性能进行了详细分析。

4.1.3 能量检测接收技术

能量检测接收作为一种非相干接收技术,不需要估计单个脉冲的形状、路径幅度以及延时,仅仅利用一个或多个积分窗口来收集多径能量[138]。图 4.8 给出了能量检测接收技术的原理图。首先利用前置带通滤波器 BPF 滤除接收信号 $r(t)$ 的带外噪声,再利用平方律检波器得到信号的能量,然后通过区间积分器和模数转换得到最终的判决量,最后将判决量与判决门限比较得到接收信号。

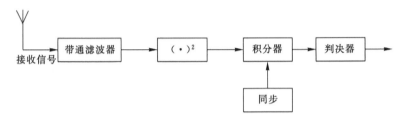

图 4.8　能量检测接收技术原理图

文献[138]给出了 IEEE802.15.3a 推荐的 CM1 信道中基于 OOK 调制和 PPM 调制下传统能量检测系统的性能。

1967 年,H.Urkowitz[139]利用采样展开定理和 Karhunen-Leoeve 展开式,将接收信号能量表示为 χ^2 分布的随机变量,且其自由度利用时间带宽积来计算,从而实现了加性高斯白噪声信道未知确定信号检测。随后,M.Weisenhorn[140]将这种技术应用超宽带系统,提出了 PPM 调制下超宽带系统的最大似然能量检测接收机,并计算了高斯近似下的误比特率。S.Paquelet[141]计算了 OOK 调制下的超宽带最大似然能量检测接收机的最佳判决门限和误比特率。以上属于传统的能量检测接收机,它将接收信号在帧周期内进行积分,不考虑各多径信号的信噪比,因此恶化了输出信噪比,降低了系统误码率。

为提高能量检测接收技术的系统性能,文献[142]基于 OOK-UWB 系统,提出了一种通过训练序列搜索最佳积分起点和积分长度的方法,寻找最佳积分区域,从而降低输出误比特率。文献[143]提出了一种利用模拟延时反馈环路平均噪声和窄带干扰,利用扩频码对发射信号进行调制,在接收端利用解扩处理降低信号带宽内的干扰,从而提高系统的信噪比。针对 PPM-UWB 系统,文献[144]利用训练序列计算多个时间段上的接收信号能量,并将其作为权值对各时间段的接收信号进行加权合并,从而进行判决。这种方法提高了能量检测接收技术的信道适应性。文献[145]利用概率均衡器和期望最大化信道估计算法提高了系统性能。

对于能量检测接收技术而言,积分器的长度、判决门限的大小以及同步点直接影响着系统性能的提高。因此,文献[142]和文献[146]利用积分长度、最佳判决门限和同步点三者联合估计法,提出了 OOK-UWB 系统的能量检测接收方案。该方案利用训练序列寻找比特错误概率最小的积分区域,并利用高斯分布近似代替 χ^2 分布计算了最佳判决门限。文献

[147]利用优化积分长度得到超宽带能量检测接收技术的最小平均比特错误概率的理论值。此外,文献[148]研究了高斯分布近似方法的适用性,并提出了一种改进算法改善其适用性。文献[149]提出了一种正交编码方式下的 OOK-UWB 能量检测接收方案,这种方法不需要设定判决门限。文献[150]利用三元正交序列对 OOK-UWB 系统进行扩频调制,并利用非相干软解扩和 Rake 合并实现解调,且利用 Rake 合并的最大值进行判决,避免了能量积分中设定硬判决门限问题,但实现复杂度高,且需对前端采样进行并行处理。

为进一步提高能量检测接收技术的系统性能,许多文献提出了加权能量检测的方法,通过并行积分器组对接收信号一帧内不同时间段进行积分处理,并对处理后信号进行加权,从而提高系统信噪比。Zhi Tian[149]针对 OOK-UWB 系统提出了一种加权 OOK 调制超宽带系统能量检测接收机,它利用并行的区间积分器组收集接收信号能量,并利用各积分器输出信号的信噪比对各积分结果进行加权,提高了输出信噪比,最终计算出最佳加权系数和最佳判决门限。文献[151]计算了 OOK-UWB 系统加权能量检测接收机最小均方误差下最佳线性加权系数。文献[152]利用非线性限幅方法处理加权系数,从而提高系统的抗多址干扰能力。此外,对 PPM-UWB 系统,文献[153]提出了最大似然准则下线性加权能量检测接收方案。在此基础上,文献[154]计算了高斯近似下的系统误比特率及最佳加权系数。

4.1.4　三种接收技术优缺点比较

以上三种接收技术,根据其实现方法不同,具有各自的优缺点[138]:

(1) Rake 接收技术

由于 Rake 接收技术利用信道估计来收集多径能量,因而 Rake 接收技术可以实现很好的系统误码性能。在 AWGN 信道中,A-Rake 接收机可获得理论上最佳的系统性能。但同时,Rake 接收技术的高系统性能是建立在准确的信道估计以及精确的同步操作的基础上的,因而,Rake 接收技术的缺点表现在:① 系统资源耗费大:为了收集尽可能多的多径能量,Rake 接收技术需要很多相关器。文献[155]指出,若系统要收集 80% 的多径能量,需要上百个相关器。文献[156]分析了 S-Rake 接收机(信道估计准确)在系统信噪比为 13 dB 时,系统误比特率为 10^{-4},此时需要 60 个相关器。由此可见,为了实现较好的系统性能,Rake 接收技术需要付出很多的系统资源。② 系统复杂度高:Rake 接收技术需要准确的信道估计算法来计算每个多径分量的到达时间和衰减系数,此外,Rake 接收技术利用接收信号与模板进行相关处理判断接收信号,故对定时误差及抖动很敏感。文献[157]分析了信道估计误差对 Rake 接收机系统性能的影响,同时也分析了同步电路设计的复杂性。因而,Rake 接收技术的高性能建立在高精度的同步电路和信道估计模块基础上,这大大增加了系统实现的复杂度。

(2) TR 接收技术

该方法利用发射的参考信号与接收信号进行相关来获得接收数据,因此该方法不需要信道估计,简化了系统复杂度。此外,该方案对系统同步的精度要求不高。但同时,TR 接收方案具有以下缺点:① 由于发射的参考脉冲到达接收机时包含噪声分量,降低了系统信噪比。文献[13]指出,系统误比特率为 10^{-4} 需要系统信噪比为 17~19 dB,相比 Rake 系统较差。② 由于发射参考脉冲造成系统发射能量的损耗。③ 为了避免脉冲间干扰,通常设置帧内参考脉冲和数据脉冲的间隔 $T_d \geqslant \tau_{\max}$(信道最大时间扩展),这造成系统传输速率限

制为 $R_b \leqslant \dfrac{1}{2N\tau_{\max}}$。④ 模拟延时线的使用,使得系统性能受到延时线长度的影响。

（3）能量检测接收技术[138]

由于该方法根据接收信号能量的分布确定积分长度,不需要相关器,同时由于该方案不需要信道估计,且对系统同步误差不敏感,因而系统复杂度大大降低。此外,相比 TR 接收技术和 Rake 接收技术,能量检测接收技术对信道的变化不敏感。这是因为 TR 系统需要根据信道的相干时间来设置参考脉冲与数据脉冲的间隔时间,而 Rake 接收技术需要对信道的多径延迟和衰减进行估计,因为两者对信道的变化较为敏感。但同样能量检测接收方法具有以下缺点:① 相对 Rake 接收技术,能量检测方法的能量捕获效率不高,这是由于大带宽要求时间搜索区域更大,多径效应产生捕获命中集问题。② 能量检测接收技术,噪声的负值部分通过平方器变成了正值,这样大大降低了后续操作的输出信噪比。③ 要提高能量检测接收技术的系统性能,必须对积分长度、判决门限以及同步点进行优化,这在一定程度上增加了方法的复杂性。

综上所述,与 Rake 接收技术相比,TR 接收技术和能量检测接收技术实现成本和系统复杂度较低,同时这也伴随着系统性能的下降。但对于煤矿巷道这种多径密集环境来说,Rake 接收机的实现几乎不太现实,因而,我们将目光转向非相干接收技术,通过对传统方案的改进,可以实现一定条件下的系统性能,同时也使超宽带接收技术的实现成为可能。下面分别介绍两种不同的基于传输参考接收技术的改进方案。

4.2 基于传输参考技术的超宽带接收方案

4.2.1 传统传输参考接收技术[158]

传统的传输参考接收技术原理如图 4.7 所示。该方案在每一帧中发射一对脉冲,一个是未经调制的参考脉冲,一个是调制后的数据脉冲,在接收端利用延迟器和相关器实现参考脉冲和数据脉冲的相关,最终获得接收数据。图 4.9 给出了 BPSK 调制下,传统 TR 接收技术的解调过程示意图,其中 A、B、C、D、E 表示图 4.7 中对应位置的信号。

假设对数据采用 BPSK 调制,则传统 TR 发射信号为:

$$s(t) = \sum_{i=0}^{\infty} \sum_{j=0}^{N_s-1} \left[u(t-iN_sT_f-jT_f) + d_i u(t-iN_sT_f-jT_f-T_d) \right] \quad (4.5)$$

其中,d_i 表示待传送的数据;T_f 表示帧周期;$u(t)$ 表示传送数据的脉冲,其周期为 T_p,假设单位脉冲能量为 E_p;T_d 表示每帧中参考脉冲和数据脉冲的时间间隔,$T_p \leqslant T_d$;N_s 表示每比特数据用 N_s 个帧传输,且每比特长度 $T_b = N_sT_f$。假设信道的最大时延扩展为 $\tau_{\max}$,则为避免脉冲间干扰(IPI),要求 $T_d \geqslant \tau_{\max}$ 且 $T_f > 2\tau_{\max}$。

在接收端,经过带宽为 W 的 BPF,第 i 个比特数据的输出为:

$$r_i(t) = \sum_{j=0}^{N_s-1} \left[u(t-iN_sT_f-jT_f) + d_i u(t-iN_sT_f-jT_f-T_d) \right] + n(t) \quad (4.6)$$

其中,$n(t)$ 为零均值高斯噪声,其功率谱密度为 $N_0/2$。根据图 4.7,则码元 d_i 的相关输出为:

$$Z(i) = \sum_{j=0}^{N_s-1} \int_{iN_sT_f+jT_f+T_d}^{iN_sT_f+jT_f+T_d+\tau} r_i(t)r_i(t-T_d)\mathrm{d}t$$

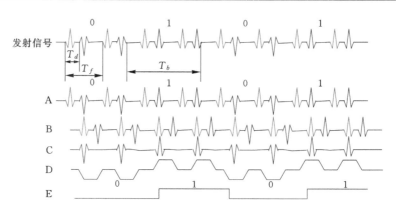

图 4.9　BPSK 调制下传统 TR 接收机解调过程

$$= \sum_{j=0}^{N_s-1} \int_0^\tau [d_i u^2(t) + d_i u(t) n(t - T_d) + u(t) n(t) + n(t) n(t - T_d)] \mathrm{d}t$$

$$= y(t) + n_1(t) + n_2(t) + n_3(t) \tag{4.7}$$

其中，τ 为积分时间，通常 $\tau > \tau_{\max}$。式中 $y(t)$ 为有用信号，$n_1(t)$、$n_2(t)$、$n_3(t)$ 为噪声，且有：

$$y(t) = \sum_{j=0}^{N_s-1} \int_0^\tau b_i u^2(t) \mathrm{d}t \tag{4.8}$$

$$n_1(t) = \sum_{j=0}^{N_s-1} \int_0^\tau b_i u(t) n(t - T_d) \mathrm{d}t \tag{4.9}$$

$$n_2(t) = \sum_{j=0}^{N_s-1} \int_0^\tau u(t) n(t) \mathrm{d}t \tag{4.10}$$

$$n_3(t) = \sum_{j=0}^{N_s-1} \int_0^\tau u(t) n(t - T_d) \mathrm{d}t \tag{4.11}$$

计算各部分能量，得到：

$$E\{y(t)\} = N_s E_p \tag{4.12}$$

$$E\{n_1^2(t)\} = N_s N_0 E_p / 2 \tag{4.13}$$

$$E\{n_2^2(t)\} = N_s N_0 E_p / 2 \tag{4.14}$$

$$E\{n_3^2(t)\} = N_s W\tau N_0^2 / 2 \tag{4.15}$$

假设 $n_1(t)$、$n_2(t)$、$n_3(t)$ 为互不相关的零均值高斯变量，且用户等概率发送数据，每比特能量 $E_b = 2N_s E_p$，则系统误码率为：

$$P_b = Q\left[\sqrt{\frac{E^2\{Z(i)\}}{\mathrm{Var}\{Z(i)\}}}\right]$$

$$= Q\left[\sqrt{\frac{E^2\{y(t)\}}{E\{n_1^2(t)\} + E\{n_2^2(t)\} + E\{n_3^2(t)\}}}\right]$$

$$= Q\left\{\left[\frac{1}{N_s}\left(\frac{N_0}{E_p}\right) + \frac{W\tau}{2N_s}\left(\frac{N_0}{E_p}\right)^2\right]^{-1/2}\right\}$$

$$= Q\left\{\left[2\left(\frac{N_0}{E_b}\right) + 2WN_s\tau\left(\frac{N_0}{E_b}\right)^2\right]^{-1/2}\right\} \tag{4.16}$$

其中，$Q(x) = (2\pi)^{-1/2} \int_x^\infty \mathrm{e}^{-x^2/2} \mathrm{d}x$。

4.2.2 差分传输参考接收技术

针对传统 TR 接收技术数据传输速率受限以及发射能量效率不高的问题,文献 [160,161] 提出了一种基于差分编码的差分 TR 系统,也称 DTR。在这一系统中,发射端不再发射参考脉冲,任何一个脉冲既是数据脉冲,也是后一个脉冲的参考脉冲,从而提高了系统数据传输速率以及能量效率。图 4.10 给出了 DTR 发射端和接收端的原理图。

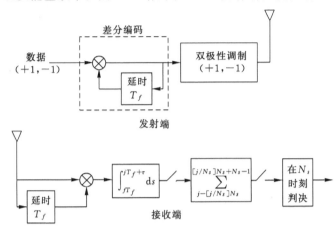

图 4.10　DTR 原理框图

假设数据经过差分编码后进行 BPSK 调制,则发射信号为:

$$s(t) = \sum_{i=0}^{\infty} \sum_{j=0}^{N_s-1} \left[d_i u(t - iN_s T_f - jT_f) \right] \tag{4.17}$$

其中,T_f、$u(t)$、N_s 的定义与传统 TR 的发射信号表达式(4.5)类似;d_i 表示数据 $\{b_i\}$ 差分编码后输出数据。

则第 i 个比特数据的输出为:

$$r_i(t) = \sum_{j=0}^{N_s-1} \left[d_i u(t - iN_s T_f - jT_f) \right] + n(t) \tag{4.18}$$

假定接收端同步很精确,则数据的判决量为:

$$Z(i) = \sum_{j=0}^{N_s-1} \int_{iN_s T_f + jT_f}^{iN_s T_f + jT_f + \tau} r_i(t - T_f) r_i(t) \mathrm{d}t$$

$$= y(t) + n_1(t) + n_2(t) + n_3(t) \tag{4.19}$$

同传统 TR 一样,式中 $y(t)$ 为有用信号,$n_1(t)$、$n_2(t)$、$n_3(t)$ 为噪声。

根据传统 TR 误码率推导过程,类似地得到 DTR 误码率为(每比特能量 $E_b = N_s E_p$):

$$P_b = Q \left\{ \left[\frac{2N_s - 1}{N_s^2} \left(\frac{N_0}{E_p} \right) + \frac{W\tau}{2N_s} \left(\frac{N_0}{E_p} \right)^2 \right]^{-1/2} \right\}$$

$$= Q \left\{ \left[\frac{2N_s - 1}{N_s} \left(\frac{N_0}{E_b} \right) + \frac{W\tau N_s}{2} \left(\frac{N_0}{E_b} \right)^2 \right]^{-1/2} \right\} \tag{4.20}$$

4.2.3 平均传输参考接收技术

针对传统 TR 和 DTR 均存在的噪声问题,文献[133]提出了一种平均 TR 接收技术,也称 ATR。平均 TR 接收技术发射端与传统 TR 接收技术类似,如图 4.7 所示。不同的是,接收端通过平均当前数据脉冲之前的几个参考脉冲得到本地模板,用来与当前数据脉冲相关解调,从而降低本地模板中的噪声,提高输出信噪比和系统性能。图 4.11 给出了 ATR 接收端的原理图。由于 ATR 仍然有一半的能量用于传输参考脉冲,故该方案的能量效率不高,数据传输速率不高。

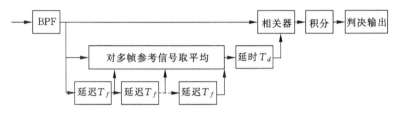

图 4.11   ATR 接收端原理框图

根据图 4.12,ATR 接收机第 i 个比特数据的输出为:

$$Z(i) = \sum_{j=0}^{N_s-1} \int_{iN_sT_f+jT_f+T_d}^{iN_sT_f+jT_f+T_d+\tau} \left[\frac{1}{M} \sum_{m=-j}^{N_s-j-1} r_i(t+mT_s-T_d) \right] r_i(t)\mathrm{d}t \qquad (4.21)$$

其中,M 表示参与平均的参考脉冲的个数;其他参数与式(4.5)类似。

误码率推导过程与传统 TR 类似,则 ATR 误码率为(每比特能量 $E_b = 2N_sE_p$):

$$P_b = Q\left\{ \left[\frac{M+1}{2MN_s}\left(\frac{N_0}{E_p}\right) + \frac{W\tau}{2MN_s}\left(\frac{N_0}{E_p}\right)^2 \right]^{-1/2} \right\}$$

$$= Q\left\{ \left[\frac{M+1}{M}\left(\frac{N_0}{E_b}\right) + \frac{2W\tau N_s}{M}\left(\frac{N_0}{E_b}\right)^2 \right]^{-1/2} \right\} \qquad (4.22)$$

4.2.4   频移传输参考接收技术

针对传统 TR 接收技术中参考脉冲和数据脉冲的时延产生的系统定时精度等问题,文献[137]提出了一种频移 TR 接收技术,也称 FSR。图 4.12 给出了 FSR 发射端和接收端的原理图。如图 4.12 所示,FSR 用两个存在一定频移的脉冲串表示参考信号和数据信号,同样的参考信号不经过调制。通过设置这一频移,可以在一个比特长度内使参考脉冲串和数据脉冲串准正交,从而在接收端利用这种正交性将它们分离出来。

根据图 4.12,FSR 的发射信号为:

$$s(t) = \sum_{i=0}^{\infty} \sum_{j=0}^{N_s-1} \left[u(t-iN_sT_f-jT_f) + \right.$$

$$\left. d_iu(t-iN_sT_f-jT_f)\cos(2\pi f_0t) \right] \qquad (4.23)$$

其中,f_0 为参考脉冲串与数据脉冲串的频移,且 $f_0 = 1/(N_sT_f)$;其他参数同式(4.5)。对于第 i 个比特数据为:

$$s(i) = \sum_{j=0}^{N_s-1} \left[u(t-iN_sT_f-jT_f) + d_iu(t-iN_sT_f-jT_f)\cos(2\pi f_0t) \right]$$

$$= x(t-iN_sT_f) + d_iu(t-iN_sT_f)\cos(2\pi f_0t) \qquad (4.24)$$

其中,$x(t) = \sum_{j=0}^{N_s-1} u(t-jT_f)$ 表示一个脉冲串。同样,假设每个脉冲能量为 E_b,每帧长度 $T_s = N_sT_f$,则每个比特数据的判决量为:

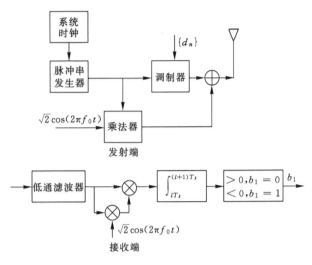

图 4.12 FSR 原理框图

$$r = \int_0^{T_s} \left[s(i) + n(t) \right]^2 \sqrt{2} \cos(2\pi f_0 t) \mathrm{d}t$$

$$= 2E_b + 2\sqrt{2} \int_0^{T_s} s(i) n(t) \cos(2\pi f_0 t) \mathrm{d}t + \sqrt{2} \int_0^{T_s} n^2(t) \cos(2\pi f_0 t) \mathrm{d}t \qquad (4.25)$$

则 FSR 的误码率为：

$$P_b = Q \left\{ \left[\frac{5}{4N_s} \left(\frac{N_0}{E_p} \right) + \frac{W\tau}{4N_s} \left(\frac{N_0}{E_p} \right)^2 \right]^{-1/2} \right\} \qquad (4.26)$$

4.2.5 各种传输参考接收技术比较

以上介绍了四种 TR 接收技术，为了比较四种传输参考技术的优缺点，下面利用 Matlab 对式(4.16)、式(4.20)、式(4.22)、式(4.26)进行了仿真。仿真中使用脉冲宽度 $T_p = 2$ ns 的高斯二阶脉冲，脉冲形成因子为 0.5 ns，采用 BPSK 对数据脉冲进行调制，通信信道利用 IEEE802.15.3a 中的 CM1 信道，发射天线和接收天线之间距离为 2 m，信道最大时间扩展为 $\tau_{\max} = 40$ ns，噪声为加性白高斯噪声，带通滤波器带宽为 $W = 7.5$ GHz。

（1）四种 TR 技术误码率比较

为了建立统一的比较基础，由于 DTR 不发射参考脉冲，因而其脉冲能量设为其他三种 TR 接收技术的两倍；同时假设帧长 $T_f = 80$ ns，传统 TR(CTR)、ATR 中参考脉冲和数据脉冲间隔 $T_d = 40$ ns，积分时间 $\tau = 15$ ns，$N_s = 2$，ATR 中参与平均的参考脉冲数为 $M = 7$。图 4.13 给出了上述条件下四种 TR 技术的误码率曲线。

如图 4.13 所示，ATR 的性能最好，DTR 次之，然后是 FSR，最差的是 CTR，且 CTR、DTR、ATR 三者性能之间相差 3 dB。这是由于 ATR 将多个参考脉冲叠加平均，一定程度上降低了本地模板中的噪声含量，提高了系统的误码率性能。DTR 之所以性能优越，主要是因为该方案中不发送参考脉冲，因而系统的能量效率最高，在发送同样数据比特情况下，DTR 只需要一般的脉冲数量，这一定程度上降低了噪声交叉项的干扰，提高了系统误码率性能。而 FSR 方案由于引入了频移，降低了噪声的能量，因而相对 CTR 误码率性能较为优越。

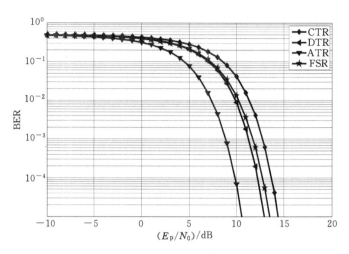

图 4.13　四种 TR 接收技术的误码率曲线

（2）重复编码数对系统性能的影响

为了比较四种 TR 技术在不同的重复编码数对系统误码率的影响，即改变重复编码数 N_s，仿真了 $N_s=2$ 和 $N_s=4$ 两种情况下四种 TR 系统的误码率曲线，如图 4.14 所示。当 N_s 增大时，四种 TR 系统误码率都会降低，这是因为系统重复编码数增大时，在一定的系统脉冲信噪比情况下，每个比特的能量增加，从而导致接收信号信噪比增大，从而提高了系统的误码率性能。

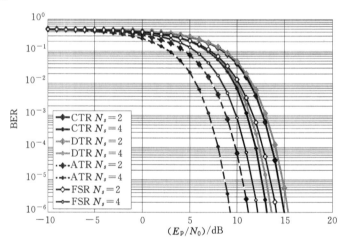

图 4.14　四种 TR 接收技术的误码率随 Ns 变化曲线

（3）积分时间对系统性能的影响

为了比较四种 TR 技术在不同的积分时间 τ 下系统误码率的变化，仿真了 $\tau=15$ ns 和 $\tau=40$ ns 情况下四种 TR 系统的误码率曲线，如图 4.15 所示。对四种系统，当积分时间增大时，系统误码率性能变差。这是因为仿真使用的 CM1 信道中，信道的最大延时扩展为 $\tau_{\max}=40$ ns，故积分时间越长，收集的多径信号越多，但时延值较大的多径分量，其衰减系数变大，这些多径分量经历的路径越复杂，其附带的噪声越多，因而系统的信噪比降低，从而降低了系统性能。当然如果积分时间过短，收集到的多径分量过少，也会造成系统性能的恶化。因而对 TR 系统而言,合适的选择积分时间对系统性能很关键。

（4）四种 TR 接收技术的数据传输效率

由于 DTR 系统不需要发送参考脉冲,因而四种系统中 DTR 效率最高。传统 TR 系统、FSR 系统和 ATR 系统类似,每帧中发送一个参考脉冲和一个数据脉冲,因而传输效率均为50%。

（5）四种 TR 接收技术实现复杂度比较

分析四种 TR 接收技术的原理可知,传统 TR 技术的实现复杂度最低。ATR 需要模拟延时线对多个参考脉冲进行平均,因而其复杂度较高。DTR 需要差分编解码,复杂度较传统 TR 系统要高。FSR 需要频移电路,复杂度也较高。

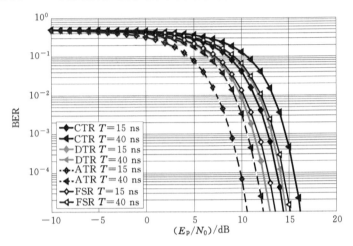

图 4.15　四种 TR 接收技术的误码率随积分时间变化曲线

4.3　基于正交编码的煤矿井下超宽带平均传输参考接收系统

煤矿井下巷道环境是一个特殊的相对密闭的空间,根据第 2 章的论述,超宽带信号在煤矿井下巷道内传输的时延扩展相对地面要大,尤其在非视距情况下,障碍物散射作用使得巷道内多径分量数目较多。若在巷道中采用 Rake 系统用于超宽带信号的接收,为了收集多径能量需要很多相关器,这大大增加了接收系统的设备体积,对于巷道这一狭小的环境几乎是不可能的。因此,对于煤矿井下超宽带接收系统的设计,应较多地考虑非相干方式。然而,能量检测接收技术相对于传输参考接收技术,系统误码率性能不高,且设计较为复杂,在煤矿井下这一复杂多变的环境下,误码率性能不稳定。

根据 4.1 节的分析,TR 接收技术本身存在着三个缺点,针对这些问题,4.2 节给出了几种改进的 TR 技术方案。但是,ATR 技术同传统 TR 技术一样,传输速率受到限制;DTR技术存在着参考脉冲中噪声干扰问题;FSR 技术在传输速率较快时,正交性很难满足。同时,矿井巷道空间狭小、电气设备功率大,且放置较为集中,故巷道内电磁噪声严重,这对TR 接收技术是一个严峻的考验。因此,有必要根据煤矿井下特殊环境,设计一种抗噪能力较强的 TR 接收系统。针对这一问题,本节提出一种基于正交编码的超宽带平均传输参考接收系统。

4.3.1 系统模型描述

在传统的 TR 系统中,每帧数据由参考脉冲和数据脉冲组成。在本方案中采用 BPSK 调制对数据脉冲进行调制,这是因为 BPSK 调制性能比 BPPM 的优越[138],且没有 PPM 调制方式下的频谱尖峰,且文献[161]证明了在 BPSK 调制下自相关接收技术是最优的接收方案。传统 TR 的发射信号如图 4.16 所示,图中红色表示参考脉冲,蓝色表示数据脉冲。在传统 TR 中,参考脉冲是不经调制的,数据脉冲是经过调制的。在接收端,利用参考脉冲作为数据脉冲的相关模板,进行相关积分解调,最终得到数据脉冲。

由于传统 TR 系统传输速率受到限制,且参考脉冲中存在噪声,这对接收端的解调带来了干扰。故本节针对传统 TR 系统的以上两个问题提出了一种基于正交编码的超宽带平均 TR 接收系统,其原理如图 4.16 所示,利用一对正交码对每比特数据中各帧的参考脉冲和数据脉冲进行编码,且降低参考脉冲和数据脉冲之间的间隔为一个脉冲的持续时间。在接收端利用两组码字分别对各比特数据内参考脉冲和数据脉冲序列进行解码,并且由于两组码字之间的正交性使得脉冲间干扰大大降低。然后将解码后的参考脉冲序列和数据脉冲序列帧内求平均,降低参考脉冲序列以及数据脉冲序列中的噪声含量。最后再将两者进行相关判决,得到接收信号,提高了接收端的信噪比,从而提高了系统性能。

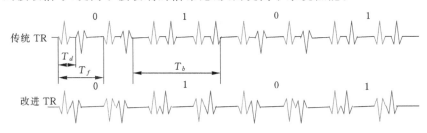

图 4.16　BPSK 调制下两种 TR 发射信号

图 4.18 给出了基于正交编码的超宽带平均 TR 接收系统发射端和接收端的原理图。图中发射端由延时器产生参考脉冲和调制的数据脉冲组合的发射信号,且参考脉冲与数据脉冲之间延时为一个脉冲的持续时间。同时,在发射端分别对参考脉冲和数据脉冲进行正交编码调制,即两组编码序列相互正交,例如当一比特数据用两帧来传送,则可以利用二阶 Walsh 码的两行或者两列分别对参考脉冲和数据脉冲进行调制。接收端,首先将接收到的信号进行滤波放大,滤除一定的噪声干扰;然后将当前比特数据内各帧的参考脉冲和数据脉冲分别乘以相应的调制码,再在比特内相加平均,得到相应的参考序列和数据序列。再利用延时器由参考脉冲序列产生本地模板版本,延迟时间即为参考脉冲与数据脉冲的时间间隔;最后将本地模板和数据序列相乘,经过积分判决得到最终的信息。

4.3.2 系统性能分析

根据图 4.17 所示的基于正交编码的 TR 发射原理框图,其发射信号为:

$$s(t) = \sum_{i=-\infty}^{\infty} \sum_{j=0}^{N_s-1} \big[a_{1,j} u(t - iN_s T_f - jT_f) + $$
$$a_{2,j} d_i u(t - iN_s T_f - jT_f - T_p) \big] \tag{4.27}$$

其中,d_i 表示待传送的数据;T_f 表示帧周期;$u(t)$ 表示传送数据的脉冲,其周期为 T_p,假

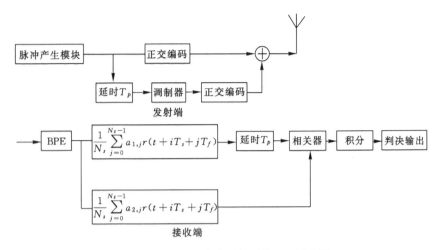

图 4.17　基于正交编码的平均 TR 原理图

设单位脉冲能量为 E_p；每帧中参考脉冲和数据脉冲的时间间隔为 T_p；N_s 表示每比特数据用 N_s 个帧传输，且每比特长度 $T_b = N_s T_f$。假设信道的最大时延扩展为 τ_{max}，为避免脉冲间干扰（IPI），要求 $T_f > 2\tau_{max}$。$\{a_{1,j} \mid j = 0,1,\cdots,N_s - 1\}$ 和 $\{a_{2,j} \mid j = 0,1,\cdots,N_s - 1\}$ 表示两组相互正交的码序列，且两组码字长度相同，都等于一比特数据内包含的帧数，这里为了避免接收端的脉冲间干扰（IPI），取两组相互正交的码序列，即：

$$\begin{cases} a_{1,n} a_{2,m}^{\mathrm{T}} = 0, n \neq m \\ a_{1,n} a_{2,m}^{\mathrm{T}} = N_s, n = m \end{cases} \tag{4.28}$$

发射信号经信道传输后，可表示为：

$$r(t) = s(t) * h(t) + n(t) \tag{4.29}$$

其中，$n(t)$ 为加性噪声；$h(t)$ 表示信道的冲激响应。由第 2 章的分析可知，多径慢衰落超宽带信道的冲激响应可以用一系列不同幅度、不同延时的 δ 函数之和来表示，即：

$$h(t) = \gamma \sum_{n=0}^{\infty} \alpha_n \delta(t - \tau_n) \tag{4.30}$$

根据第 2 章超宽带信道模型的论述，式中 γ 表示对数正态的阴影衰落；$\{\alpha_n\}$ 表示相互独立的零均值高斯随机变量，且其幅度是随时间指数衰减的；$\{\tau_n\}$ 表示各多径分量的延时时间；n 表示多径分量的数目。为了建立可实现的信道模型，这里选取最多比最强多径能量低 10 dB 的多径分量，即 $h(t) = \gamma \sum_{n=0}^{L} \alpha_n \delta(t - \tau_n)$，其中 L 表示满足条件的多径分量的个数。

这里为了简单起见，不失一般性地归一化信道能量，即 $\sum_{n=0}^{L} \alpha_n^2 = 1$。

则进入接收机的信号为：

$$r(t) = \gamma \sum_{n=0}^{\infty} \alpha_n s(t - \tau_n) + n(t) \tag{4.31}$$

接收信号首先通过带宽为 W 的理想带通滤波器，则信号为：

$$r(t) = \sum_{i=-\infty}^{\infty} \sum_{j=0}^{N_s - 1} \big[a_{1,j} p(t - iN_s T_f - jT_f) +$$

$$a_{2,j}d_ip(t-iN_sT_f-jT_f-T_p)]+\overline{n}(t) \tag{4.32}$$

其中，$p(t)=\gamma\sum_{n=0}^{L}\alpha_nu(t-\tau_n)$，表示发射脉冲经过信道之后的多径时延扩展；$\overline{n}(t)$ 表示信道加性噪声经过带通滤波器之后的带限噪声。这里假设信道的加性噪声为零均值高斯白噪声，且其方差为 σ^2，则经过滤波器之后的带限噪声其双边功率谱为 $N_0/2$。

第 i 个信息比特接收信号可表示为：

$$r_i(t)=\sum_{j=0}^{N_s-1}a_{1,j}p(t-iN_sT_f-jT_f)+$$

$$\sum_{j=0}^{N_s-1}a_{2,j}d_ip(t-iN_sT_f-jT_f-T_p)+\overline{n}(t) \tag{4.33}$$

其中，前一部分为参考脉冲，后一部分为数据脉冲。根据图 4.17 所示，第 i 比特数据中平均参考序列和平均数据序列为：

$$r_{r,i}(t)=\frac{1}{N_s}\sum_{j=0}^{N_s-1}a_{1,j}r(t+iN_sT_f+jT_f) \tag{4.34}$$

$$r_{d,i}(t)=\frac{1}{N_s}\sum_{j=0}^{N_s-1}a_{2,j}r(t+iN_sT_f+jT_f) \tag{4.35}$$

故根据式(4.33)有：

$$r_{r,i}(t)=\frac{1}{N_s}\sum_{j=0}^{N_s-1}[a_{1,j}a_{1,j}p(t)+d_ia_{1,j}a_{2,j}p(t-T_p)+a_{1,j}n(t+iN_sT_f+jT_f)]$$

$$=p(t)+\frac{1}{N_s}\sum_{j=0}^{N_s-1}a_{1,j}n(t+iN_sT_f+jT_f) \tag{4.36}$$

$$r_{d,i}(t)=\frac{1}{N_s}\sum_{j=0}^{N_s-1}[a_{2,j}a_{1,j}p(t)+d_ia_{2,j}a_{2,j}p(t-T_p)+a_{2,j}n(t+iN_sT_f+jT_f)]$$

$$=d_ip(t-T_p)+\frac{1}{N_s}\sum_{j=0}^{N_s-1}a_{2,j}n(t+iN_sT_f+jT_f) \tag{4.37}$$

根据图 4.17，判决变量为：

$$\hat{b}_i=\text{sign}\left(\int_{T_p}^{T_p+\tau}r_d(t)r_r(t-T_p)\mathrm{d}t\right)$$

$$=Y+N_1+N_2+N_3 \tag{4.38}$$

其中，τ 为积分时间，通常 $\tau>\tau_{\max}$；Y 为有用信号，即每比特数据中各数据脉冲与处理后的参考脉冲相关结果之和；N_1 为一比特数据内数据脉冲和参考脉冲形成的本地相关模板中所含噪声的相关结果；N_2 为一比特数据内参考脉冲形成的本地相关模板和数据脉冲中所含噪声的相关结果；N_3 为一比特数据内数据脉冲中所含噪声和参考脉冲形成的本地相关模板中所含噪声的相关结果。

根据式(4.35)，则有：

$$Y=d_i\int_0^{\tau}p^2(t) \tag{4.39}$$

$$N_1=\frac{1}{N_s}\int_0^{\tau}d_ip(t)\sum_{j=0}^{N_s-1}a_{1,j}n(t+iN_sT_f+jT_f)\mathrm{d}t \tag{4.40}$$

$$N_2=\frac{1}{N_s}\int_{T_p}^{T_p+\tau}p(t-T_p)\sum_{j=0}^{N_s-1}a_{2,j}n(t+iN_sT_f+jT_f)\mathrm{d}t \tag{4.41}$$

$$N_3 = \frac{1}{N_s^2} \int_{T_p}^{T_p+\tau} \sum_{j=0}^{N_s-1} a_{2,j} n(t+iN_s T_f + jT_f)$$

$$\cdot \sum_{j=0}^{N_s-1} a_{1,j} n(t+iN_s T_f + jT_f - T_p) \mathrm{d}t \tag{4.42}$$

用高斯近似的方法计算接收端的信噪比,又 $n(t)$ 为零均值高斯白噪声,且其方差为 σ^2,根据中心极限定理,将 N_1、N_2 和 N_3 可近似为三个高斯随机变量,则有:

$$E\{N_1\} = E\{N_2\} = 0 \tag{4.43}$$

设前置滤波器为理想滤波器,且其带宽为 W,中心频率为 f,则有 $n(t)$ 的自相关函数为:

$$R(\tau) = N_0 W \sin c(W\tau) \cos(2\pi f_c \tau) \tag{4.44}$$

式中,$\sin c(x) = \sin(\pi x)/\pi x$。则 N_3 的均值可表示为:

$$E\{N_3\} = \frac{1}{N_s^2} \int_{iN_s T_f + T_p}^{iN_s T_f + T_p + \tau} \sum_{j_1=0}^{N_s-1} a_{1,j} n(t+j_1 T_f - T_p) \sum_{j_2=0}^{N_s-1} a_{2,j} n(t+j_2 T_f)$$

$$= \frac{1}{N_s^2} \sum_{j_1=0}^{N_s-1} \sum_{j_2=0}^{N_s-1} a_{1,j} a_{2,j} \int_{iN_s T_f + T_p}^{iN_s T_f + T_p + \tau} R((j_2 - j_1)T_f + T_p) \mathrm{d}t \tag{4.45}$$

根据式(4.44)知,对前置滤波器,有 $W \approx \dfrac{1}{T_p} \gg \dfrac{1}{T_f}$,则当 $|\tau| \geqslant T_f$ 时,$R(\tau) \approx 0$。且式(4.45)中,$j_1 \neq j_2$,则 $(j_2 - j_1)T_f + T_p \geqslant T_f$,故:

$$E\{N_3\} = 0 \tag{4.46}$$

带入式(4.38),得:

$$E\{\hat{b}_i\} = E\{Y\} = E_p \tag{4.47}$$

根据 4.2.1 节,可以类似地计算得到:

$$E\{N_1^2\} = N_0 E_p / 2N_s \tag{4.48}$$

$$E\{N_2^2\} = N_0 E_p / 2N_s \tag{4.49}$$

$$E\{N_3^2\} = W\tau N_0^2 / 2N_s^2 \tag{4.50}$$

根据高斯近似,N_1、N_2 和 N_3 是互不相关的零均值高斯变量,且用户等概率发送数据,则系统误码率为:

$$P_b = Q\left[\sqrt{\frac{E^2\{\hat{b}_i\}}{\mathrm{Var}\{\hat{b}_i\}}}\right]$$

$$= Q\left[\sqrt{\frac{E^2\{Y\}}{E\{N_1^2\} + E\{N_2^2\} + E\{N_3^2\}}}\right]$$

$$= Q\left\{\left[\frac{1}{N_s}\left(\frac{N_0}{E_p}\right) + \frac{W\tau}{2N_s^2}\left(\frac{N_0}{E_p}\right)^2\right]^{-1/2}\right\} \tag{4.51}$$

其中,$Q(x) = (2\pi)^{-1/2} \int_x^\infty \mathrm{e}^{-x^2/2} \mathrm{d}x$。

4.3.3 系统性能仿真

根据 4.3.2 节的分析,下面利用 Matlab 对上述系统的误码率性能进行仿真。仿真中使用脉冲宽度 $T_p = 0.5$ ns 的高斯二阶脉冲,脉冲形成因子为 0.287 ns,采用 BPSK 对数据脉冲进行调制,通信信道利用第 2 章建立的煤矿井下巷道超宽带信道模型,发射天线和接收天线之间距离为 2 m，噪声为加性白高斯噪声，带通滤波器带宽为 $W = 1/T_p = 2\,\text{GHz}$，并假设滤波器噪声足够大，使得信号能够完全通过且无能量损失。这里假设发射天线和接收天线之间存在视距路径，根据第 2 章的论述设信道最大时间扩展为 $\tau_{\max} = 49\,\text{ns}$，为了避免帧间干扰，设积分时间为 $\tau = 50\,\text{ns}$。本节仿真中不考虑路径损耗和阴影衰落的影响，并归一化信道能量 $\sum\limits_{n=0}^{L}\alpha_n^2 = 1$。这里不能简单地用式(4.51)和式(4.16)来计算，因为这两式均是在没有脉冲间干扰的情况下利用高斯近似得到的，对于本方案一个显著的优点是利用两组码字序列的正交性，大大降低脉冲间干扰，因而仿真中利用第 2 章给出的煤矿井下巷道模型，结合上述假设的数据，对每个信噪比取值，进行 100 次的蒙特卡罗实验，并通过对计算得到的 100 次误比特率结果进行平均得到最后的系统误比特率性能。

图 4.18 给出了煤矿井下巷道中不同帧数的情况下传统 TR(CTR)和本节提出的 TR 系统(OTR)的误比特率仿真曲线。仿真中设置两种帧数，分别为 $N_s = 7$ 和 $N_s = 15$。由图中的曲线可以看出，本节设计的 TR 系统在煤矿井下巷道中的误比特率性能要明显优于传统 TR 系统，而且本系统中数据的传输速率为 $R_b \leqslant \dfrac{\log_2 N_s + 1}{N_s(2T_p + \tau_{\mathrm{mds}})}$。这是因为，首先参考脉冲序列和数据脉冲序列用两个近似正交的码字序列进行编码调制，如果这两个序列为 m 序列，以及 m 序列相应的移位序列，则利用这种正交集合可以多传输 $\log_2 N_s + 1$ 个比特数据，这样大大增加了系统的传输速率。同时也是由于这种正交性，使得传统 TR 系统中的 IPI 明显降低。不仅如此，由于本系统中对参考脉冲序列和数据脉冲序列进行的平均操作，这样使得系统的信噪比明显提高，最终使得本系统的误码率性能得到了很大的提高。

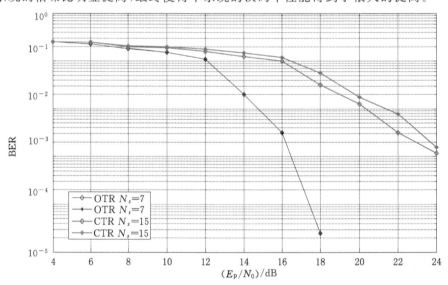

图 4.18　井下巷道中两种 TR 接收系统的误码率曲线

4.4　改进的煤矿井下超宽带正交编码平均 TR 接收系统

4.4.1　系统模型描述

比较传统 TR 系统和上述基于正交编码的平均 TR 系统，可以发现，两者同样在一帧内发射参考脉冲和数据脉冲形成的脉冲对,因而两个系统的能量效率同为 50%。同时,UWB 信号一帧的长度一般为几纳秒,而煤矿井下巷道是一个变化相对缓慢的信道,即可以认为几帧甚至几十帧的长度内,信道不发生改变。在这一基础上,为了改善 TR 系统能量效率问题,本节提出一种改进方案,其原理如图 4.19 所示,其中红色表示参考脉冲,蓝色表示数据脉冲。它和上述基于正交编码的平均 TR 系统不同,参考脉冲和数据脉冲不再一帧内配对发射,取而代之的是,利用少量参考脉冲和多个数据脉冲组成脉冲块,即先发送几个参考脉冲,然后再发射多个数据脉冲。同时为了消除脉冲间干扰,假设参考脉冲的个数为一比特数据的帧数,后面的数据脉冲的个数也是帧数的整数倍。然后利用多组正交码分别对参考脉冲比特和各数据脉冲比特进行正交编码调制。在接收端利用多组码字分别对各数据比特和参考脉冲比特序列进行解码,并且由于多组码字之间的正交性使得脉冲间干扰大大降低。然后将解码后的参考脉冲比特叠加平均形成本地模板,从而降低参考脉冲序列中的噪声含量。最后再将两者进行相关判决,得到接收信号,提高了接收端的信噪比,从而提高了系统性能。

图 4.19　BPSK 调制下脉冲块改进 TR 发射信号

　　图 4.20 给出了改进的基于正交编码的超宽带平均 TR 接收系统发射端和接收端的原理图。从图中可见,发射端同 4.3 节系统发射端类似,区别在于延迟器产生的延时不同。接收端,首先将接收到的信号进行滤波放大,滤除一定的噪声干扰;然后将当前比特数据内各帧的参考脉冲和数据脉冲分别乘以相应的调制码,再将参考脉冲在比特内相加平均,得到相应的参考序列和数据序列。再利用延时器由参考脉冲序列产生本地模板版本,延迟时间即为参考脉冲与数据脉冲的时间间隔。最后将本地模板和数据序列相乘,经过积分判决得到最终的信息。

4.4.2　系统性能分析

　　根据图 4.20 所示的基于正交编码的 TR 发射原理图,其发射信号为:

$$s(t) = \sum_{j=0}^{N_s-1} a_{0,j} u(t - jT_f) +$$

$$\sum_{i=0}^{N_b-1} \sum_{j=0}^{N_s-1} a_{(i+1),j} d_i u(t - N_s T_f - i N_s T_f - j T_f) \tag{4.52}$$

其中,d_i 表示待传送的数据;T_f 表示帧周期;$u(t)$ 表示传送数据的脉冲,其周期为 T_p,假设单位脉冲能量为 E_p,每帧中参考脉冲和数据脉冲的时间间隔为 T_p;N_s 表示每比特数据用 N_s 个帧传输,且每比特长度 $T_b = N_s T_f$。假设信道的最大时延扩展为 $\tau_{\max}$,为避免脉冲间干扰(IPI),要求 $T_f > 2\tau_{\max}$。$\{a_{i,j} \mid i = 0,1,\cdots,N_b-1; j = 0,1,\cdots,N_s-1\}$ 和表示 N_b 组相互正交的码序列,且这 N_b 组码字长度相同,都等于一比特数据内包含的帧数。

　　这里利用类似 4.3.2 节中推导方法,第 i 个信息比特接收信号可表示为:

$$r_i(t) = \sum_{j=0}^{N_s-1} a_{0,j} p(t - jT_f) +$$

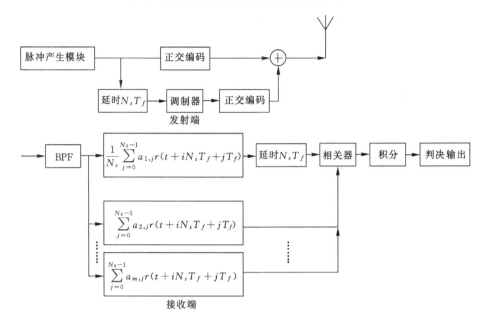

图 4.20　改进基于正交编码的平均 TR 原理图

$$\sum_{i=0}^{N_d-1}\sum_{j=0}^{N_s-1} a_{(i+1),j} d_i p(t - N_s T_f - i N_s T_f - j T_f) + \overline{n}(t) \tag{4.53}$$

其中,前一部分为参考脉冲,后一部分为数据脉冲。根据图 4.21 所示,第 i 比特数据中平均参考序列和平均数据序列为:

$$r_{r,i}(t) = \frac{1}{N_s}\sum_{j=0}^{N_s-1} a_{1,j} r(t + i N_s T_f + j T_f) \tag{4.54}$$

$$r_{d,i}(t) = \sum_{j=0}^{N_s-1} a_{2,j} r(t + i N_s T_f + j T_f) \tag{4.55}$$

故根据 4.3.2 节中推导方法有:

$$
\begin{aligned}
\hat{b}_i &= \sum_{i=0}^{N_s-1}\int_0^\tau r_d(t) r_r(t) \mathrm{d}t \\
&= Y + N_1 + N_2 + N_3
\end{aligned}
\tag{4.56}
$$

其中,τ 为积分时间,通常 $\tau > \tau_{\max}$；Y 为有用信号,即每比特数据中各数据脉冲与处理后的参考脉冲相关结果之和；N_1 为一比特数据内数据脉冲和参考脉冲形成的本地相关模板中所含噪声的相关结果；N_2 为一比特数据内参考脉冲形成的本地相关模板和数据脉冲中所含噪声的相关结果；N_3 为一比特数据内数据脉冲中所含噪声和参考脉冲形成的本地相关模板中所含噪声的相关结果。

根据式(4.56),可以得到高斯近似下系统各部分的能量为:

$$E\{\hat{b}_i\} = E\{Y\} = N_s E_p \tag{4.57}$$

根据 4.2.1 节,可以类似地计算得到:

$$E\{N_1^2\} = N_s N_0 E_p / 2 \tag{4.58}$$

$$E\{N_2^2\} = N_0 E_p / 2 \tag{4.59}$$

$$E\{N_3^2\} = W\tau N_0^2 / 2 \tag{4.60}$$

根据高斯近似，N_1、N_2 和 N_3 是互不相关的零均值高斯变量，且用户等概率发送数据，则系统误码率为：

$$
\begin{aligned}
P_b &= Q\left[\sqrt{\frac{E^2\{\hat{b}_i\}}{\mathrm{Var}\{\hat{b}_i\}}}\right] \\
&= Q\left[\sqrt{\frac{E^2\{Y\}}{E\{N_1^2\}+E\{N_2^2\}+E\{N_3^2\}}}\right] \\
&= Q\left\{\left[\frac{N_s+1}{2N_s^2}\left(\frac{N_0}{E_p}\right)+\frac{W\tau}{2N_s^2}\left(\frac{N_0}{E_p}\right)^2\right]^{-1/2}\right\}
\end{aligned}
\tag{4.61}
$$

其中，$Q(x)=(2\pi)^{-1/2}\displaystyle\int_x^\infty \mathrm{e}^{-x^2/2}\mathrm{d}x$。

4.4.3　系统性能仿真

根据 4.4.2 节的分析，下面利用 Matlab 对上述系统的误码率性能进行仿真。仿真中使用脉冲宽度 $T_p=0.5$ ns 的高斯二阶脉冲，脉冲形成因子为 0.287 ns，采用 BPSK 对数据脉冲进行调制，通信信道利用第 3 章建立的煤矿井下巷道超宽带信道模型，发射天线和接收天线之间距离为 2 m，噪声为加性白高斯噪声，带通滤波器带宽为 $W=1/T_p=2$ GHz，并假设滤波器噪声足够大，使得信号能够完全通过且无能量损失。这里假设发射天线和接收天线之间存在视距路径，根据第 3 章的论述设信道最大时间扩展为 $\tau_{max}=49$ ns，为了避免帧间干扰，设积分时间为 $\tau=50$ ns。本节仿真中不考虑路径损耗和阴影衰落的影响，并归一化信道能量 $\displaystyle\sum_{n=0}^{L}\alpha_n^2=1$。这里利用式(4.61)和式(4.51)来仿真两种方案的误码率性能。

图 4.21 给出了煤矿井下巷道中不同帧数的情况下正交平均 TR(OTR)和本节提出的改进 TR 系统(ITR)的误比特率仿真曲线。仿真中设置两种帧数，分别为 $N_s=7$ 和 $N_s=15$。由图中的曲线可以看出，本节中的改进方案在煤矿井下巷道中的误比特率性能要优于 4.3 节中的正交平均 TR 系统。这是因为，在本节中虽然只对参考脉冲序列在比特内进行平均计算，没有对数据脉冲序列进行平均操作。虽然数据脉冲序列中的噪声没有降低，但这种平均操作会使比特数据的能量降低。故本节中虽然只对参考脉冲序列进行平均操作，但从仿真曲线可以看出，本节中改进方案对系统信噪比的改善较好，同时也提高了系统性能。

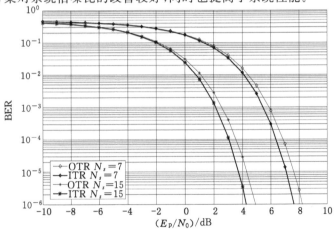

图 4.21　井下巷道中两种正交 TR 接收系统的误码率曲线

不仅如此,本系统中不再 1∶1 地传输参考脉冲和数据脉冲,而是发送在一比特参考脉冲之后,再发送几个比特的数据脉冲,这在一定程度上提高了系统的能量效率。4.3 节中正交平均 TR 方案的能量效率为 50%,本节中改进方案的能量效率为 $\frac{1}{N_b+1} > 50\%$。故本方案在提高了能量效率的同时,也对系统性能有了进一步的改善。

5　煤矿井下超宽带雷达式生命探测方法研究

5.1　生命探测技术及常用方法

5.1.1　生命探测技术及发展

生命探测技术是一种近几年发展的新兴技术,是一种对生命特征信号进行检测和提取的方法[162]。生命信号包括了人的心跳、呼吸、声音以及人的移动或体动甚至包括人体的热能和静电场等,生命探测就是利用各种方法和手段来获取这些信号并进行分析,从而判定是否有生命体的存在。

国外在生命探测方面的研究开始较早,已有 50 多年的时间,并将如何搜救迷路、隐匿、逃逸、失踪、压埋目标的问题设为科学研究课题。20 世纪 80 年代初,美国的佐治亚技术研究所(GTRI)提出生命探测的概念。近年来,随着生命探测技术研究得不断深入,其设备的研发也引起很多国家的关注,其中一些发达国家甚至采取立法等手段将其落到实处[163-165]。美国、日本、澳大利亚等国家,在设立国家资助的研究机制的同时,于 20 世纪 90 年代,利用微电子、热红外阵列成像等先进技术,研发了生命探测与定位装置,并成功应用于震后救灾。1985 年,美国、瑞士等国家的救援队利用该设备,在墨西哥大地震后搜索并营救了许多受困人员。英国电子管公司设计研发了一种便携式热红外成像仪,在墨西哥、亚美尼亚以及萨尔瓦多地震中,搜救了不少受困人员,且该公司还在研发一种热成像仪,应用于碎石、瓦砾中探索生命体。法国研发一种振动耳机,它借助测声定位技术实现探测,在墨西哥、菲律宾、伊朗和亚美尼亚地震中英国救援队用它实施救援。日本研发了一种光纤内窥镜,它利用光学技术实现探测,墨西哥地震时它成功地搜救了瓦砾堆下的一对夫妇。还有一种电子微波跟踪系统,它是由美国的爱尔文搜救中心利用无线电定位技术研发的。德国研发了一种感测活人的装置,它能探测到瓦砾堆下 3~4 m 的活人。近年来,世界各国广泛关注搜救工作,为此一些商业软件相应问世,其中美国 Essential 公司研发的 EIS/G 紧急事务管理软件最具代表性[163]。

目前,在国外被经常使用的生命探测设备主要有[165]:由美国 DKL 公司开发的 Life-Guard 生命探测器、美国超视安全系统公司研发的 LifeLocator 生命侦测仪、美国 AQUA 公司研制的 SNAKE EYE 蛇眼生命探测仪、美国 SSI 公司开发的 SC2HH52TI 红外热成像生命探测仪以及 DELSAR 声频生命探测仪、Hunter 公司研发的红外生命探测仪等。国内这方面起步较晚,现在研发的生命探测设备主要有北京凌天世纪有限公司自主研制的 KJ155

型身份识别系统、由北京中矿华沃电子科技有限公司研发的蓝牙定位等身份识别定位系统。

5.1.2 现有生命探测技术实现方法分类

随着雷达技术、计算机技术、生物技术、微电子技术等的发展,生命探测的研究热点集中于非接触式生命探测技术。非接触式生命探测,即是要间隔一定距离探测生命信号,在这一间距内,可能会存在障碍物。非接触式生命探测实现方法有很多种,按工作模式不同可分为主动式和被动式。主动式即主动地发射探测信号,利用回波信号提取生命特征信息,典型的系统有雷达式生命探测系统;被动式即不发射探测信号,而是被动地接收生命特征信号,并从中判断有无生命体的存在,典型的系统有超低频生命探测系统。对于非接触式生命探测而言,两种工作模式各有优缺点[167-169]:被动探测技术功耗小,不易被发现,尤其是采用超低频电磁波的生命探测系统,透射性能好,可以穿透较厚的障碍物,但要探测呼吸、心跳这样3 Hz以下的生命信号,需较长的探测时间,且难以进行目标的定位。主动探测技术可以测距和定位,尤其当系统有两个或更多的探测装置时,还能够实现目标的成像,但其功耗较大。

按照所采用的探测载体不同,又可将非接触式生命探测技术分为光波探测、超声波探测、超低频电磁波探测、X 射线探测等。当然,不同的探测载体也有不同的特点。例如,电磁波在金属介质中穿透效果较差,但其传播速度较快,工作频段可以很高,也可在较高的重复频率下工作;超声波能够穿透金属介质,但其传播速度较慢,且受噪声干扰较大,不利于实时定位;X 射线穿透性和分辨力都较好,但是这种频率的电磁波对人体有危害。下面根据探测载体的不同介绍几种生命探测方法的基本原理。

(1)光学探测法

这种方法是根据光学成像原理开发而成,类似于摄像头,可深入到废墟下探测有无生命体存在[170]。它的优点是系统结构简单、易携带、探测结果比较直观。但这种方法存在着以下问题:如果探测点有烟雾等物质,将会影响光学成像的效果;或当受困人员处在光学探头无法到达的地方,探测结果将受到极大的限制。

(2)红外线探测法

凡是温度不为绝对零度的物体都能发射波长不同的电磁波[170-171]。利用这个理论,红外热成像仪利用热释电传感器,接收由生命体发射的红外信号,最终实现对生命体的探测和定位。但这种方法也存在着以下问题:探测的距离较近,且红外线穿透不了障碍物;若探测目标周围存在温度较高的物体,则会影响探测的结果。

(3)声波探测法

这种探测方法较为成熟,它利用声频传感器来探测声音信号,并将其转换成电信号,然后经放大处理后转化成声频图谱的技术[172-174]。由于声波在煤岩介质中传播衰减较快,因此这种探测方法存在着穿透性差、易受干扰等问题。

(4)低频电磁探生技术

根据生物学原理,人体的心脏跳动会发出一种30 Hz以下的超低频电磁波,该电磁波将在人体周围360°扩展形成超低频非均匀电磁场[166]。比起高频电磁场能量,心脏的电磁场能量虽低,但可以很容易地穿透钢筋混凝土墙、木板、钢板、水及其他能反射高频信号的障碍物。人体心跳产生的电磁频率范围与动物的差异较大,通过设计滤波电路,使得生命探测器中的电介质只对人体的非均匀电场进行极化,即使介质中正负电荷分离,并分别被收集到设备的两端,于是探测器便指示非均匀电场的最强区域,即生命体所在位置。

在美国弗吉尼亚州[166]，DK 实验室长期从事低频电磁搜救设备的开发研究，并于 1998 年研制了 DKL LifeGuard 系列生命探测装置，但该装置没有完全实现设计目标。由英国研发的 LADS 生命探测设备，也是低频电磁探测技术的一种。它根据电磁波多普勒原理，成功探测 135 ft(41.15 m)内人体的生命信号，包括心跳、呼吸等，适用于建筑废墟下、雪崩或泥石流中、山崖上的被困人员，甚至在生物/化学战中受伤的士兵，在火车、汽车事故或空难中的遇难者，或非金属房间内的被困人质，因此具有广泛的应用前景。

（5）生物雷达探测法

这种方法利用人体的某些生物特性建立特殊的雷达模型，从而实现跟踪定位。现在的研究热点是电子鼻技术[175-176]，它由气敏传感器阵列、信号处理子模块和模式识别子模块 3 大部分组成。它的工作原理是：在一个小容器室中配备气敏传感器，并初始化传感器阵列，利用真空泵将采样的空气吸取到其中。然后利用采样操作单元将传感器阵列空气接触，当传感器表面的活性材料接触到挥发性有机化合物，会产生瞬时的响应。记录并发送该响应至信号处理单元，经过分析，将其与数据库中大量的挥发性有机化合物图案比较，鉴别该处气味类型。最后，利用酒精蒸汽"冲洗"传感器表面的活性材料，去除已测的空气混合物。

（6）系统定位法[166]

无线射频识别技术（简称 RFID）是一种非接触式的识别和定位技术，它通过射频信号与空间的电磁或电感耦合传输的特性，自动识别物体。这种技术可以完成大数据量、多内容、强控制力、高实时性的监测任务。但这种技术只能进行区域定位，不能实现精确定位。如果想利用这种技术实现井下环境的精确定位，则需将定位区域划得更细化，且增加定位基站，这不仅使系统成本急剧上升，也增加了系统位置计算的难度，且极大地增加了系统的复杂度，不仅如此，如果三个模块任一环节出现了问题，如瓦斯爆炸造成基站受损等，都会导致系统瘫痪。

（7）雷达探测法[162]

雷达生命探测技术就是利用生命探测雷达（Life Detecting Radar，LDR）发射电磁波穿过墙壁等障碍物，探测墙壁外面或其他非金属覆盖物下面人的生命信息。

综合看来，主动式生命探测，尤其是雷达式生命探测技术，适用范围广，可以实现探测和定位，因此受到越来越多的关注。雷达式生命探测技术突破传统的检测方法和技术，利用雷达原理，在不接触生命体甚至有障碍物时，发射探测电磁波，利用生命特征信号，如呼吸、心跳、体动等，对发射信号产生调制，从而利用回波信号进行生命信号检测和定位。

5.2 雷达式生命探测基本原理

雷达式生命探测技术，是基于雷达原理，对生命信号这一低速动目标进行检测和定位的技术。根据雷达原理，通过测量电磁信号从发射端到目标往返的时间，可以计算得到目标与雷达的距离；根据回波信号的幅度最大值点得到目标的角度位置；当目标是运动的，根据多普勒原理回波的频率会发生漂移。作为主动式探测技术的典型代表，雷达式生命探测技术，首先主动发射电磁信号，若雷达与生命体之间存在障碍物，则电磁信号需要穿透障碍物，到达目标并被其反射。若存在生命体，则反射波被生命信号调制。接收端根据生命信号特点，提取回波中调制信息，并判断有无生命体的存在。因此，本节首先根据雷达原理，尤其是动目标穿墙探测雷达的原理，分析雷达式生命探测技术的原理，并根据原理分析介绍超宽带雷达式生命探测系统的组成。

5.2.1　雷达生命探测原理及系统组成

5.2.1.1　雷达基本原理[179-180]

雷达——RADAR，是"Radio Detection and Ranging"的缩写。顾名思义，雷达是一种检测和定位的技术，利用向空间辐射能量并探测由目标反射的回波来实现目标的检测与定位。雷达接收到的回波不仅能探测目标是否存在，且根据比较回波与发射信号，即可得到目标的位置以及其他相关信息。

雷达的原理见图 5.1 所示。雷达的基本任务是对某物体或现象的检测。首先利用发射机产生电磁信号，并由天线将该信号辐射出去。一部分电磁信号被目标拦截后再向别的方向辐射，一部分被目标反射后被接收机采集，接收机通过信号处理模块将接收信号与门限相比较，确定该信号是目标的反射回波还是噪声，从而判断目标是否存在，并计算目标的位置及其他信息。

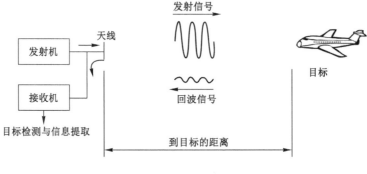

图 5.1　雷达原理框图

如图 5.1 所示，若采用最普遍的发射信号，即发射正弦载波调制后的脉冲序列，假设发射信号往返雷达与目标的时间为 T ，脉冲序列传播速度为 v ，目标与雷达的距离为 R ，则：

$$R = \frac{vT}{2} \tag{5.1}$$

通常认为雷达在自由空间中工作，则 $v=c$ ，即发射信号传播速度为光速。当然对于连续波雷达，由于其必须在发射时接收，通常利用目标的运动产生的多普勒频移来区分发射和回波信号，并获得目标径向速度，但简单的连续波雷达不能测距，只有通过对载波调频或者调相才能获得距离。

通常，雷达发射脉冲序列间隔由雷达预设的最远目标决定，从而保证发射下一脉冲前，上一脉冲的所有回波均到达雷达。否则，若脉冲间隔太短，当前脉冲的反射回波在下一脉冲发射之后到达，则会使雷达误认为是下一脉冲的反射回波，这样会使计算得到的距离比实际距离近，这种回波称为"二次反射回波"。为保证不出现二次反射回波，则定义最大模糊距离为：

$$R_{un} = \frac{cT_p}{2} = \frac{c}{2f_p} \tag{5.2}$$

式中，发射脉冲序列重复周期 $T_p = 1/f_p$ ， f_p 称为脉冲重复频率。

　　雷达分辨率描述雷达可以分辨的两个相邻目标的能力。如图5.2和图5.3所示,当两个目标处于同一角度不同距离时,雷达分辨率体现为距离分辨力;当两个目标处于相同距离不同角度位置时,雷达分辨率体现为角度分辨力。如图5.2所示,对于简单的单频脉冲雷达,设脉冲宽度为 τ s,在零时刻发射,则在 t_0 时刻,距离雷达 $R_0 = ct_0/2$ 的目标回波前沿和距离雷达 $R = c(t_0 - \tau)/2$ 的目标回波后沿同时到达接收机,此时雷达刚好可以将两个目标区分,则雷达距离分辨率为 $c\tau/2$。对远程雷达而言,通常选择长脉冲检测远距离的小目标,但同时,脉冲宽度增加会造成距离分辨率的降低,这时通常采用调频或调相来增加发射脉冲的带宽,即脉冲压缩。如图5.3所示,雷达的角度分辨率又分为方位和俯仰角分辨率,方位分辨率指水平面上的分辨率;而俯仰角分辨率指垂直面上的分辨率,它由天线波束宽度决定。若假设天线 3 dB 波束宽度 θ_3 为主瓣宽度,在主瓣边缘的两个目标即为雷达可以分辨的最大角度上的目标。设雷达的辐射半径为 R ,则两目标距离为 $R\theta_3$。等效的距离分辨率即为图中虚线的长度,且主瓣宽度较小,即为 $\Delta R = 2R\sin(\theta_3/2) \approx R\theta_3$。波束越窄,角分辨力越高。

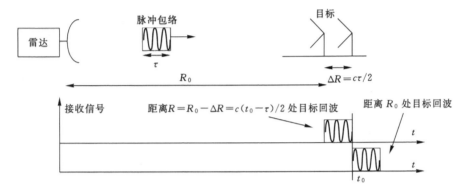

图 5.2　常规脉冲雷达距离分辨率示意图

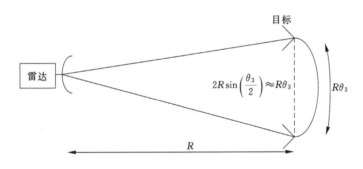

图 5.3　常规脉冲雷达角度分辨率示意图

　　利用雷达方程来表征雷达的工作原理,以及雷达探测效果的影响因素。文献[180]给出了雷达方程的简单形式,即:

$$R_{\max} = \left[\frac{P_t G A_e \sigma}{(4\pi)^2 S_{\min}}\right]^{1/4} \tag{5.3}$$

式中, P_t 为雷达发射机的功率; G 为发射天线的增益; A_e 为接收天线的有效孔径面积; σ 为目标雷达的横截面积; $S_{\min}$ 为最小可检测信号。上式表示采用收发两个天线的雷达方程。除目标的雷达横截面积 σ 外,上述方程的各参数均可被控制。若需要探测距离较远的雷达,则需要大的发射功率,需要大的发射增益,即发射信号能量集中在较窄的波束内,需要大的接收增益,使得大部分回波能量被接收,并且接收机应对微弱信号敏感。

5.2.1.2 穿墙探测雷达原理

穿墙探测雷达(Through-the-Wall Detection Radar,简称 TWDR)如图 5.4 所示,穿墙探测雷达发射信号遇到障碍物时,一部分信号穿透障碍物(如墙壁、隔板等非透明障碍物)到达隐藏在障碍物后面的目标,并被目标反射,反射信号类似地穿透障碍物到达雷达。雷达接收机通过对接收信号的处理,实现对目标的探测、跟踪和定位。

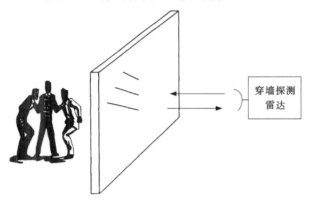

图 5.4　穿墙探测雷达工作示意图

同普通雷达一样,穿墙探测雷达通过发射和接收电磁波来实现,不同的是,穿墙探测雷达由于需要穿透障碍物探测目标,因而电磁波在障碍物中的速度、衰减、折射和反射都影响着雷达的探测距离以及探测效果。综合来看,障碍物对电磁波的传输有以下几个影响[169]:

(1) 障碍物对电磁波传输速度的影响

电磁波在均匀介质中传输速度为:

$$v = \left\{ \frac{\mu\varepsilon}{2} \left[\sqrt{1 + \left(\frac{\sigma}{\omega\varepsilon}\right)^2} + 1 \right] \right\}^{-1/2} \tag{5.4}$$

式中,σ 为介质的导电系数;ε 为介质的介电常数;μ 为介质的磁导率。电磁波在真空中的速度为 3×10^8 m/s,这是因为真空中 $\sigma_0 = 0$,$\varepsilon_0 = 1.36\pi \times 10^{-9}$ H/m,$\mu_0 = 4\pi \times 10^{-7}$ H/m,自由空间中计算结果可以近似等同于真空中。但对于其他障碍物,如由砖、水泥等构成的墙壁,各参数均大于真空中参数,故电磁波在其中的速度要变小。同时,若导电系数不同,则表示电磁波会发生色散现象,即电磁波传输速度随频率变化而变化。

(2) 在障碍物与空气分界面电磁波的反射与折射

图 5.5 描述了雷达发射的电磁波在障碍物前后两个表面发生的反射和折射现象。设空气电磁特性参数为 (μ_0, ε_0),障碍物中电磁特性参数为 $(\mu_1, \varepsilon_1, \sigma_1)$,并假设在障碍物的前表面反射角、折射角和入射角分别为 $(\theta_r, \theta_t, \theta_i)$。则根据反射定理和折射定理可知:

$$\begin{cases} \theta_r = \theta_i \\ \dfrac{\sin\theta_t}{\sin\theta_i} = \dfrac{\sqrt{\mu_0\varepsilon_0}}{\sqrt{\mu_1\varepsilon_{c1}}} \end{cases} \tag{5.5}$$

其中,$\varepsilon_{c1} = \varepsilon_1 - j\dfrac{\sigma_1}{\omega}$。这样可以计算出折射角,从而得到在介质表面电磁波的传输系数。

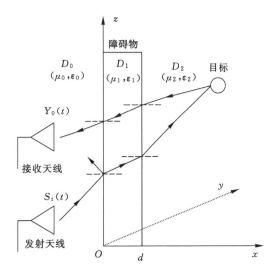

图 5.5 电磁波在介质分界面的反射与折射

（3）电磁波在障碍物中传播的衰减

文献［177］讨论了不同频率电磁波在介质中传播衰减量，表示为：

$$L_{\text{ATT}} = \exp(4\pi f_c R / QV_M) \tag{5.6}$$

其中，f_c 为电磁波的载频；Q 为介质中的品质因数；R 是电磁波在介质中传播的距离即穿透距离；V_M 为电磁波在介质中的波速。

对穿墙探测雷达而言，要使雷达能够探测到目标，则电磁波在障碍物中的衰减量越小越好，这样才能保证电磁波穿透障碍物到达目标。文献［177］给出了载频为 $f_{c1} = 50$ MHz 和 $f_{c2} = 250$ MHz 且在湿沙土（$Q_1 = 2$）和煤（$Q_2 = 20$）中电磁波的穿透距离与电磁波的传输衰减的关系，如图 5.6 所示，其中电磁波的传输速度设为 $V_M = 2 \times 10^8$ m/s。从图中可以看出，在同一介质中衰减量相同的情况下，低频电磁波的穿透距离较大；在湿沙土中，传输距离为 5 m 时，两种频率电磁波衰减量差为 120 dB，而在传输距离为 40 m 的煤中，两者的差为 100 dB。

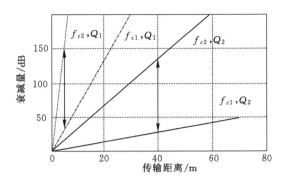

图 5.6 两种载频电磁波在两种介质中的衰减量与传输距离的关系

文献［178］给出了 1 GHz 到 100 GHz 的电磁波在各种材料介质中的衰减曲线，如图 5.7 所示。测试的介质材料包括混凝土墙、木板、黏土砖、胶合板、松木板、干（湿）纸板、玻璃、石膏板、沥青油毡等。从图中可以看出，随着频率的增加，电磁波的衰减量增大，尤其当频率高于 10 GHz 时,衰减量随频率的增加而急剧增大;且在同一频率下,不同介质的衰减量也不同。

此外,根据雷达的基本原理知,发射电磁信号的频率越高,雷达的距离分辨率越好。但同时高频率的电磁波在障碍物中的穿透性能较差。故在设计穿墙探测雷达时,其频率的选择应兼顾雷达分辨率和穿透性能的需要。

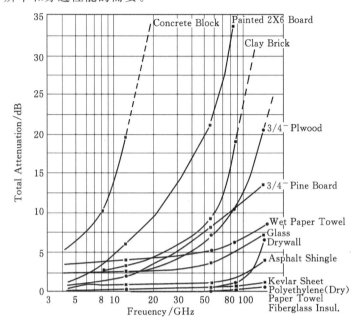

图 5.7　不同介质材料中电磁波的衰减量和频率的关系

（4）电磁波在非均匀混合介质中的衰减

当障碍物介质材料不是均匀介质时,即可以认为介质中存在颗粒,这时电磁波在介质中的传输会产生散射现象,从而产生散射衰减。当障碍物介质为混合介质时,即该介质由几种不同介质组成,则电磁波会在不同介质的分界面产生衍射,从而使电磁波的传输方向发生改变。

穿墙探测雷达根据探测信号的不同又分为连续波、脉冲、线性调频和步进频等体制。连续波体制的穿墙探测雷达主要用于探测;步进频体制的穿墙探测雷达采用多个频率步进增加的连续波的合成作为发射信号,从而实现宽频带,可以实现脉冲雷达相同的功能,但实现较为复杂;线性调频体制的穿墙探测雷达同样利用调频连续波实现发射信号频带展宽,可以实现目标距离和方位的探测,但实现复杂;脉冲体制的穿墙探测雷达,可实现目标测距,尤其是冲激脉冲体制的雷达,其回波信号与发射信号相比,形状相同,只是在时间轴上展宽,由于其发射信号带宽为超宽带,因而可以兼顾雷达分辨率和穿透性能。

5.2.1.3　穿墙动目标探测雷达原理

当目标相对雷达是运动的,这时接收信号相对发射信号会产生多普勒频移,穿墙动目标探测雷达正是利用多普勒效应探测目标,并区分不同速度的运动目标。

奥地利物理学家克里斯琴·约翰·多普勒 1842 年研究发现,当发射信号源与接收机之间有相对运动时,接收信号的频率与发射信号相比会发生变化,这就是频移现象,而其频率的变化与两者之间的相对运动速度有关,这就是多普勒效应[179]。这一原理广泛应用于雷达动目标检测,利用这一原理使得雷达将运动目标与固定杂波以及不同速度的运动目标区分开来。下面针对连续波和脉冲信号分别推导多普勒频移的表达公式[179]。

（1）连续波雷达

当雷达发射连续波时,发射信号可表示为:

$$s(t) = A\cos(2\pi f_c t + \varphi) \tag{5.7}$$

式中,A、f_c、φ分别表示发射信号的幅度、频率和相位。则接收信号为:

$$r(t) = Ks(t - t_r) = KA\cos[2\pi f_c (t - t_r) + \varphi] \tag{5.8}$$

式中,t_r为发射信号往返雷达与目标之间所需要的时间,即$t_r = 2R/c$,R为雷达与目标之间的单程距离,c为电磁波在自由空间的传播速度;K为接收信号相对发射信号的衰减系数。

若目标相对雷达是静止的,则R为固定的常数。当目标相对雷达是运动的,如图5.8所示,则R是一个随时间变化的变量,有:

$$R(t) = R_0 - v_r t = R_0 - vt\cos\theta \tag{5.9}$$

式中,v_r为目标相对雷达的径向速度,且$v_r = v\cos\theta$;R_0为$t = 0$时刻目标与雷达之间的距离,有$t_r = 2R(t)/c = \dfrac{2}{c}(R_0 - vt\cos\theta)$。比较式(5.8)和式(5.7),可以得到接收信号相对发射信号的相位差(λ表示雷达发射信号的波长):

$$\varphi_r = -2\pi f_c t_r = -2\pi f_c \frac{2}{c}(R_0 - vt\cos\theta) = -2\pi\frac{2}{\lambda}(R_0 - vt\cos\theta) \tag{5.10}$$

则多普勒频移可表示为:

$$f_d = \frac{1}{2\pi} \cdot \frac{\mathrm{d}\varphi}{\mathrm{d}t} = \frac{2v_r}{\lambda} = \frac{2f_t v_r}{c} \tag{5.11}$$

式中,$f_t = c/\lambda$为雷达频率。若f_d的单位用Hz表示,v_r和λ的单位分别用节(kt)和米(m)表示,则有:

$$f_d(\mathrm{Hz}) = \frac{1.03v_r(\mathrm{kt})}{\lambda(\mathrm{m})} \approx \frac{v_r(\mathrm{kt})}{\lambda(\mathrm{m})} \approx 3.43v_r f_t \tag{5.12}$$

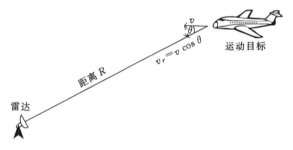

图5.8　多普勒频移的雷达与目标几何图示

根据图5.8和式(5.11),当目标向着雷达方向运动时,多普勒频率为正值,接收信号的频率相对发射信号频率要高;反之,当目标背向雷达的方向运动时,即远离雷达,则多普勒频率为负值,接收信号频率较发射信号要低。根据式(5.12),文献[180]给出了多普勒频移与径向速度和雷达频段的关系,如图5.9所示。

（2）脉冲雷达

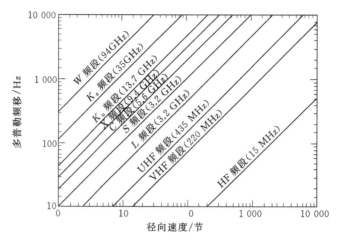

图 5.9　多普勒频移与径向速度和雷达频段的关系

当雷达的发射信号为窄带脉冲时,即:

$$s(t) = R_e \left[u(t) e^{j\omega_0 t} \right] \tag{5.13}$$

式中,ω_0 为雷达发射信号频率;$u(t)$ 为调制波的复包络;$R_e[\cdot]$ 为取实部计算。

则雷达接收到的回波信号为(K 为接收信号相对发射信号的衰减系数):

$$r(t) = Ks(t - t_r) = R_e \left[Ku(t - t_r) e^{j\omega_0 (t - t_r)} \right] \tag{5.14}$$

若目标相对雷达是静止的,则回波信号相对发射信号有一个固定的时延和一个固定的相位差。但当目标相对雷达是运动的,则类似地得到 $t_r = 2R(t)/c = \dfrac{2}{c}(R_0 - vt\cos\theta)$。故相位差为:

$$\varphi_r = -\omega_0 t_r = -\omega_0 \frac{2}{c}(R_0 - vt\cos\theta) = -2\pi \frac{2}{\lambda}(R_0 - vt\cos\theta) \tag{5.15}$$

则多普勒频移为:

$$f_d = \frac{1}{2\pi} \cdot \frac{\mathrm{d}\varphi}{\mathrm{d}t} = \frac{2}{\lambda} v_r \tag{5.16}$$

式(5.16)与式(5.11)相同,同样可以利用目标相对雷达的径向速度和雷达波长求出目标运动在回波信号中产生的多普勒频移。

5.2.2　煤矿井下超宽带生命探测雷达原理及系统组成

一直以来,煤矿安全制约着煤炭工业发展。目前,煤矿事故搜救还主要利用人、搜救犬来完成。不难看出,这些手段有很大的局限性,限制了煤矿事故后救援工作的顺利开展。生命探测雷达,利用雷达原理实现非接触式生命体的探测、识别和定位。根据雷达原理,结合井下巷道实际情况,选择适当的雷达参数,设计适合煤矿井下应用的生命探测雷达,不仅保证了煤矿事故后救援的及时开展,也为煤矿安全提供了保障。

（1）生命探测雷达原理

超宽带生命探测雷达原理是:雷达通过发射机产生冲激脉冲信号,再利用扩频码对脉冲信号进行调制,使发射信号兼顾雷达分辨力和穿透性能,再利用发射天线将其发射出去。当发射信号穿透可能存在的障碍物到达生命体时,由于生命信号如呼吸、心跳产生的胸腔的运动使得反射回波相对发射信号产生一个多普勒频移,体现在超宽带脉冲信号中,即生命信号造成的人体体表的微动使得反射的脉冲信号在时间轴上被压缩。同时由于障碍物的存在,由障碍物等直接反射以及天线波束内物体产生的反射波构成干扰杂波。雷达接收端通过接收天线接收回波信号,信号处理单元通过对回波信号的处理分析,判断提取回波中的生命信号参数,判断有无生命体的存在,并通过先进的信号处理技术抑制回波中杂波的干扰,并提高系统的抗干扰性能。

图 5.10 给出了穿墙生命探测雷达的回波信号示意图。由图可知,回波信号主要有目标的反射信号、障碍物表面的直接反射信号、收发天线之间的耦合信号、射频干扰信号、系统热噪声以及环境的噪声。假设雷达的发射信号为 $s(t)$,则接收信号为:

$$r(t) = x_0(t) + \sum_{i=1}^{m} a_i(t) + b(t) + c(t) + s'(t) \tag{5.17}$$

式中,$x_0(t)$ 表示收发天线之间的耦合信号;$a_i(t)$ 表示被障碍物第 i 次反射的信号;$b(t)$ 为系统热噪声和环境噪声;$c(t)$ 为射频干扰信号;$s'(t)$ 为目标的反射回波。由于障碍物的一次反射能量要远远高于多次反射能量,因而这里不失一般性,选择一次反射信号为障碍物的反射信号。故有:

$$r(t) = x_0(t) + a_1(t) + b(t) + c(t) + s'(t) \tag{5.18}$$

若有多个接收天线,则可以利用同一时刻不同接收天线接收信号的不相关性,将上式中 $a_1(t)$ 和 $x_0(t)$ 消除,而射频干扰 $c(t)$ 此时可近似为随机性干扰。最终得到处理后的回波信号为:

$$r'(t) = s'(t) + b(t) + c(t) \tag{5.19}$$

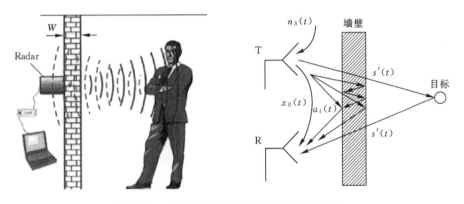

图 5.10 穿墙生命探测雷达回波信号示意图

(2) 雷达参数的选择

要设计生命探测雷达,首先要对雷达各参数进行设置。其中最重要的有两个,一个是雷达频率的选择,一个是雷达体制的选择。

根据电磁波在介质的衰减分析可知,电磁波的频率越高,在介质中的衰减越大,则该电磁波穿透介质的距离越短。与此同时,发射信号的频率越高,雷达的距离分辨率越好。同时,在煤矿井下巷道中,当发射 UHF 电磁波信号时,煤岩介质组成的井下巷道可看成是低损耗电介质,介电常数为 5~10。对于 UHF 信号,其波长比巷道尺寸要小,故 UHF 信号在巷道中以波导的形式传播,且传输衰减主要为折射损失,而不是欧姆损失。因此,此时由于巷道壁材料电导率小而引起的欧姆损失可以忽略不计。不仅如此，巷道的粗糙程度对低频电磁波的传输影响较大，而巷道的弯曲程度对高频电磁波的传输影响较大。此外，巷道内放置的发射天线和接收天线的极性，以及天线的插入都会给电磁波在巷道中的传输带来损失。在直的巷道中，传输信号强度的总损失等于传播损失与发射接收天线插入损失之和。

因此，在设计煤矿井下生命探测雷达时，频率的选择要综合考虑巷道中电磁波的传输、穿透性能以及雷达的分辨率等。这里不失一般性，假设雷达与障碍物之间距离有限，所以发射信号在巷道内的传输衰减不作为主要因素考虑。那么，再选择雷达频率时需考虑几个方面：① 电磁波在煤岩介质中的穿透性能。② 当发射信号的波长远小于目标的尺寸或与目标尺寸差不多时，即目标处于雷达的光学区或谐振区时，雷达可以探测到目标的轮廓等其他细节信息；反之，目标在雷达端被视为点目标，这就是雷达分辨率问题。对于超宽带雷达，其径向分辨率可表示为 $\Delta R = V/2(f_H - f_L) = V/2B$，其中 B 为超宽带信号的带宽，故超宽带雷达的空间分辨率与系统频宽有关。所以，要设计穿墙生命探测雷达，尤其是针对煤矿井下巷道环境下的生命探测雷达，必须综合考虑目标（即生命体）的尺寸以及巷道的大小，从而估算出雷达的空间分辨率。同时，根据雷达分辨率的分析，发射信号的频率越高，雷达的分辨率越高，所能探测的目标尺寸越小。③ 生命探测雷达，尤其是煤矿井下巷道这一狭小的环境，对雷达尺寸、重量以及辐射功率有很大限制，另外还要兼顾雷达的灵敏度，保证系统性能。但频率越低需要的天线尺寸越大，才能保证同样的辐射功率，这就增加了雷达的尺寸和重量。

此外，在设计生命探测雷达时，需要设计雷达工作体制。不同体制的雷达有不同的探测能力。根据穿墙探测雷达的体制分析，生命探测雷达的体制主要由发射信号的调制方式决定。综合考虑穿透深度、分辨率、电磁干扰程度以及体积成本等原因设计调制方式。

雷达波形可以分为连续波波形和脉冲波波形。其中，连续波可以看成是一种占空比为1的脉冲波，它分为简单单频连续波、相位编码连续波以及调频连续波。对于简单单频连续波雷达发射的是非调制波，它只能监测动目标，利用多普勒效应来实现对目标的速度测量。但从检测到的生命体参数信号中无法获得生命体的距离信息，因此无法确定目标的距离。调频连续波雷达系统利用在时间上改变发射信号的频率，并测量接收信号相对于发射信号的频率的方法来测定目标的距离。但是当探测距离内存在多个目标时，调频连续波必须加入一定的未调制部分，才能测量多个目标。若没有未调制部分，则调频连续波只能判断有生命体存在，不能判断是单人还是多人，而且对近距离的杂波干扰难以抑制。相位调制连续波雷达系统采用每经时间 τ_1 便将离散相移加至发射的连续波信号的方法来形成相位编码波形。当发射波形与存储的发射波形相关，当接收波形与存储波形间出现最大的相关便提供目标距离信息。在 m 序列伪码调相连续波雷达中，为了消除距离模糊，发射波形必须在 $N\tau_1$ 以内或更短的时间内返回雷达，否则会产生距离模糊。因此，要减小距离模糊，必须增大 N 的值。而且这种体制的雷达波形频率单一，对于井下环境中对电磁波衰减较大的材料不太适合。此外，对于不同目标的回波信号，难以区分。

综上所述，连续波体制的雷达总的来说，其缺点是：① 距离信息的获得比较困难，只能通过调制后的连续波获得，但调制后的连续波可以探测的距离较小。② 难以分辨多个目标。由于连续波可以看成是占空比为1的脉冲波，当多个目标存在，连续波难以分辨各个目标。③ 近距离干扰比较大。

鉴于连续波的这些弱点，又由于井下环境中对电磁波衰减大的材料比较多，因此选用

UWB体制的雷达。UWB信号有三种实现方式,一种是冲激脉冲,另一种是步进频,还有一种是线性调频,上述系统分别使用了这三种技术。采用线性调频的系统功率大,信噪比高,但是实时性不如前者,不利于跟踪快速运动的目标,信号处理也相对复杂。步进频与线性调频情况类似。后两者在进行脉冲压缩处理后,均可等效为冲激脉冲系统。而且线性调频要求系统瞬时带宽很大,且要求采样速度极高的模数转换器。而步进频方式,可以看成瞬时窄带宽的信号。但两者设计较为复杂,系统需要的辐射功率较大。因而在煤矿井下巷道环境,冲激脉冲体制的生命探测雷达实现简单,功率小,抗干扰能力强,有很大的优势。

　　(3)煤矿井下超宽带生命探测雷达的系统组成

　　根据超宽带生命探测的原理,超宽带生命探测雷达的系统组成如图5.11所示。超宽带生命探测雷达系统包括收发阵列天线、脉冲产生电路、控制电路、脉冲编码电路、接收采样电路、解码电路、信号处理模块以及显示终端。超宽带冲激脉冲的产生和发射由控制电路、脉冲产生电路、脉冲编码电路以及超宽带发射天线完成。通过脉冲编码电路实现脉冲的压缩,以及通过对发射脉冲进行扩频编解码,消除探测过程中的噪声干扰。接收单元由接收阵列天线、采样电路、解码电路、信号处理模块以及显示终端组成。控制电路控制的采样电路对接收天线接收的信号进行采样,并通过合理地选择采样时间来消除接收信号中的障碍物反射回波干扰。信号处理模块根据接收信号与发射信号对比判断提取接收信号中的生命信号,并确定生命体位置,送至显示终端显示。

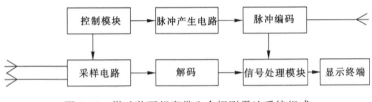

图5.11　煤矿井下超宽带生命探测雷达系统组成

5.3　生命探测雷达回波分析与建模

　　根据生命探测雷达的原理,回波信号包括雷达发射的探测信号、可能存在的生命信号、杂波信号以及噪声干扰等。生命探测的任务就是将可能存在的生命信号从回波信号中提取出来。由于生命信号造成人体表面的微动,根据多普勒原理利用生命信号和杂波信号在频域结构的不同来区分,从而实现生命信号的探测。为了寻找最佳的探测体制和信号处理方法,同时提高系统的探测准确性,就需要对生命信号和杂波信号进行分析建模。

5.3.1　生命信号分析[181]

　　生命信号是生命体征(如呼吸、心跳等)作用下人体的肺、心脏、血管以及其他器官的周期性压缩和皮肤的波动等产生的信号。在雷达照射生命体后,生命信号的存在会导致回波的幅度、频率、相位以及返回时间的变化。根据多普勒原理,对于循环发生的心脏跳动和呼吸,雷达的回波的频谱中会产生相应的多普勒频移,这一频谱元素的大小取决于心跳和呼吸的频率和强度。因而,对回波信号中相应频率进行测量,就可以判断有无生命体以及生命体的存在位置等。

生命信号具有以下几个特征：

（1）运动速率很慢，属于低速目标

通常正常人的心跳次数大约为每分钟 70～100 次，剧烈运动后心跳也不过 130 次，每次心跳引起的心脏收缩幅度大约为几毫米，即心跳的速度约为每秒零点零几米。同样，通常呼吸造成的胸腔起伏幅度变化约是每分钟 15～30 次，急促呼吸时也不过 60 次，每次呼吸造成的胸腔起伏变化约在几厘米之内，即胸腔起伏的速度同样约为每秒零点零几米。对于生命探测雷达来说，心跳和胸腔的运动为主要探测目标。由此可以看出，生命信号为低速运动目标。

（2）生命信号的恒定存在性

对于情绪基本平稳的生命体，生命信号（呼吸、心跳）的速度维持在一个较为稳定的区间，而且可以在时域和频域上观察到这一特性。根据多普勒原理，$f_d = \dfrac{1}{2\pi} \cdot \dfrac{\mathrm{d}\varphi}{\mathrm{d}t} = \dfrac{2}{\lambda} v_r$，即运动目标的多普勒频移与雷达发射信号频率、运动速度有关。根据俄罗斯莫斯科科学技术大学的实验结果，采用单频探地雷达，当雷达发射频率为 1～10 GHz 时，探测到心跳的多普勒频移为 0.8～2.5 Hz，呼吸的多普勒频移为 0.2～0.5 Hz；当雷达发射频率为 1.6 GHz 时，探测到人静止状态下心跳的多普勒频移为 1.6 Hz，呼吸的多普勒频移为 0.03 Hz。综上所述，在探测过程中，检测回波是否存在 0.1～3 Hz 内的分量，即可判断是否存在生命信号。

（3）生命信号的曲线特征

由于生命运动是非均匀的，因而呼吸造成的胸腔运动以及心跳也是非稳定的非正弦信号。图 5.12 为雷达实测的呼吸信号。一般为了探测方便，将生命信号简单地等效为正弦信号。然而，因为生命体的差异，各自生命信号的频率和幅度也各不相同，即使对同一个人，在不同状态下，生命信号的频率和幅度也会发生变化。不同人的生命信号的频率和幅度等参数也是不同的。此外，不同的发射接收天线以及放置位置的不同，也会导致生命信号频率和幅度的变化。

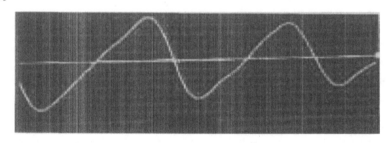

图 5.12　雷达实测呼吸信号

（4）生命信号的周期性

生命信号（呼吸、心跳）引起的心脏和胸腔的收缩和扩张运动是一个径向的周期性运动，用雷达探测生命体的时候，雷达与心脏或胸腔的距离呈现周期性往复变化，且总的平均距离是一个恒定值。

（5）生命信号的频率特性

呼吸和心跳的多普勒频移约为 0.1～3 Hz，多普勒频移接近零频率。因而，在使用雷达式生命探测仪时，固定目标的零多普勒频移的干扰很容易对生命信号的探测带来干扰，这时,为了准确地探测到生命信号,必须采用分辨率更高的信号处理技术。

5.3.2 生命信号建模

D.Misra 等研究了在垂直极化、平面极化、圆极化条件下电磁波照射人体的散射特性,得到了回波幅度、相位中体现的人体微动,并将人体简化等效为具有复合介电常数的圆柱体或球体模型。这里,设生命信号的运动是一个简谐振动,即:

$$x(t) = A\cos(\Omega t + \varphi) \tag{5.20}$$

其中,Ω 为生命信号频率;φ 为相位;A 为幅度。

则生命信号的运动速度为:

$$v(t) = \mathrm{d}x/\mathrm{d}t = -A\Omega\sin(\Omega t + \varphi) \tag{5.21}$$

故生命信号产生的多普勒频移为(λ 为雷达发射信号波长):

$$f_d(t) = 2v(t)/\lambda = -2A\Omega/\lambda \sin(\Omega t + \varphi) \tag{5.22}$$

根据上节的分析,人体的生命信号(呼吸、心跳)是一个低幅值、准周期、窄带信号,且易受噪声和环境干扰,人体的生命信号的周期性会循环产生正负的多普勒频移。且生命信号的运动速度的不均匀性产生多个多普勒频移,从而造成生命信号频谱展宽。因此,将呼吸、心跳产生的回波看成由多个频率谐波混合而成的信号,即:

$$x(n) = \sum_{i=1}^{m} a_i \exp[j(2\pi f_i n + \varphi_i)] \tag{5.23}$$

或

$$x(n) = \sum_{i=1}^{m} a_i \cos(2\pi f_i n + \varphi_i) \tag{5.24}$$

这里,f_i,a_i,φ_i 分别表示第 i 个谐波的频率、幅度和相位;φ_i 满足 $[-\pi,\pi]$ 上均匀分布;m 表示谐波的个数。

文献[181]给出了利用式(5.24)拟合的生命信号曲线(其中 $m=2$,$a_1=0.05$,$a_2=0.03$,$f_1=0.20$ Hz,$f_2=0.28$ Hz),以及雷达探测 40 cm 厚的实心砖墙后的静止状态下人体的反射回波,这其中还包含墙壁的反射回波等,如图 5.13 所示,从图中可见式(5.24)模拟的生命信号曲线与实测曲线非常近似。

5.3.3 杂波建模[182]

雷达接收的回波中不仅包含目标的反射回波,还包括固定物体和运动物体产生的杂波。具体来说,回波中的杂波包括地表地物杂波、风吹雨雪等产生的运动杂波、操作者生命体征的干扰、其他生命体的干扰等。

固定物体产生的杂波可以用频谱图中固定谱线 $f=nf_r(n=0,\pm1,\pm2\cdots)$ 来表示其多普勒频移,且可以利用对消方式进行消除。而运动物体造成的杂波的特征较为复杂,到达雷达的回波是大量独立单元反射回波的合成,且还有内部运动,故合成的回波有随机性。

这里利用高斯状的功率谱密度函数来表示固定物体产生的杂波,文献[182]给出了隔着 40 cm 厚的墙壁实测的杂波噪声信号直方图以及利用上式拟合的杂波直方图,如图 5.14 所示,两图形形状基本一致。此外,本书还给出了实测的杂波噪声采样信号的频谱曲线,如图 5.15 所示。根据这两个图,可以等效地将杂波信号看成高斯分布的有色噪声。

根据以上分析,利用高斯分布的功率谱信号作为杂波信号的模型,即:

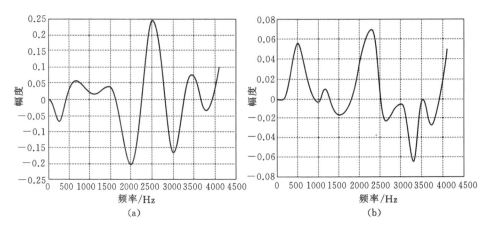

图 5.13　生命信号拟合曲线与实测曲线

（a）拟合的生命信号曲线；（b）实测的生命信号曲线

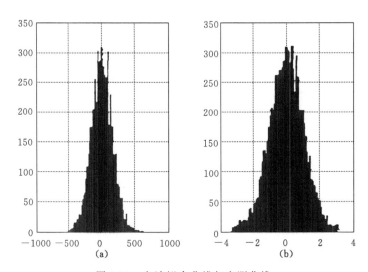

图 5.14　杂波拟合曲线与实测曲线

（a）拟合杂波噪声直方图；（b）实测杂波噪声直方图

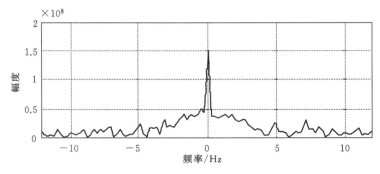

图 5.15　杂波采样数据频谱图

$$C(f) = W_0 \exp\left(-\frac{f^2}{2\sigma^2}\right) \tag{5.25}$$

该杂波模型也可近似为方差为 σ_0^2 的高斯白噪声通过线性滤波器的输出。若该滤波器的幅频特性为：

$$H(f) = \frac{1}{\sqrt{\sqrt{2\pi} W}} \exp\left(-\frac{f^2}{4W^2} + j\varphi\right) \tag{5.26}$$

式中，W 与滤波器有关，它影响着杂波功率谱的展宽程度。则杂波功率密度为：

$$C(f) = \sigma_0^2 |H(f)^2| = \frac{\sigma_0^2}{\sqrt{\sqrt{2\pi} W}} \exp\left(-\frac{f^2}{4W^2}\right) \tag{5.27}$$

杂波功率为：

$$P_n = \int_{-\infty}^{+\infty} C(f) \mathrm{d}f = \frac{\sigma_0^2}{\sqrt{\sqrt{2\pi} W}} \int_{-\infty}^{+\infty} \exp\left(-\frac{f^2}{4W^2}\right) \mathrm{d}f = \sigma_0^2 \tag{5.28}$$

由上式可以看出，滤波器输入的高斯白噪声的方差决定着杂波的功率，且杂波的功率谱的展宽程度由滤波器的因子 W 决定。通过图 5.15 可以看出，杂波功率谱的中心频率在零频率附近，这对生命信号探测带来很大影响，因此，有效的信号处理方法对生命探测雷达而言是非常迫切的。

此外，对于照射范围内其他生命体的干扰，可以利用不同生命体的生命信号频率的差异实现干扰抑制。但若是其他人的生命信号，由于它们在频谱结构上无明显差异，因而只能通过调控雷达的分辨率来实现其他人的生命信号的干扰。

5.3.4 生命探测雷达回波建模

根据以上生命信号和杂波信号的分析，可以得出生命探测雷达的回波为：

$$s(t) = s_r(t) + c(t) + m(t) \tag{5.29}$$

其中，$c(t)$ 为杂波信号；$m(t)$ 为雷达照射范围内其他生命体的干扰；$s_r(t)$ 为雷达的发射信号。

上式表明，要想准确地探测到生命信号，必须利用先进的信号处理手段对回波信号中的杂波和其他噪声进行抑制，同时为了避免雷达照射范围内其他生命体（尤其是其他人的生命信号）对探测结果的干扰，必须选择一种可以兼顾空间和时间分辨率的雷达体制。

5.4 基于经验模态分解的煤矿井下生命探测目标提取方法

5.4.1 经验模态分解基本理论[159]

为了提取信号的某些特征，一些信号分析和处理技术应运而生。在这种技术中，信号的频率和时间是最关键的两个变量。但传统的信号处理技术，只是单纯地将信号表达为时间或者频率的单一函数，而缺乏时间频率的联合函数表达。如傅立叶分析技术，即将信号表示为多个单一频率的正弦函数之和，但对于这些正弦函数何时发生何时结束则不得而知。对于许多天然或人工非平稳信号，如雷达信号、生物信号、语音等，它们都是时变信号，且持续时间有限。因此，针对这些信号，传统的信号处理方法要求信号具有线性、高斯性和平稳性将不再满足，这就需要一种新的适用性更广的信号处理技术——时频分析方法。

从 20 世纪 40 年代开始,时频分析方法陆续被学者们提出,根据方法的特征,可将其分为三大类:线性时频、双线性时频和参数化时频。

线性时频方法是由傅立叶分析方法演变而来的,它将信号表示为一系列子信号的时频表示的线性之和。典型的方法有 Gabor 变换、短时傅立叶变换(也称 STFT 变换)以及小波变换。

信号 $x(t) \in L^2(R)$,若 $x(t) = ax_1(t) + bx_2(t)$,其中 a,b 为常数,且 $P(t,\omega)$、$P_1(t,\omega)$、$P_2(t,\omega)$ 分别为 $x(t)$、$x_1(t)$ 以及 $x_2(t)$ 的线性时频表示,则有:

$$P(t,\omega) = aP_1(t,\omega) + bP_2(t,\omega) \tag{5.30}$$

在 Gabor 变换和 STFT 变换中,$x_1(t)$ 和 $x_2(t)$ 表示抽取信号 $x(t)$ 的窗函数,通过移动窗函数,最终得到整个信号 $x(t)$ 的时频分布。这两种方法假定信号在窗函数的短时间内是平稳的,且窗函数的大小是固定的,也决定了方法的时域频域分辨率。这对于某些信号含有随时间非线性变化的频谱分量就很难找到合适的窗函数。小波变换则是通过母小波代替窗函数,不同的是,小波变换使用不同宽度的窗函数观察不同频率的信号分量,因此小波变换具有多分辨力。然而小波也是非自适应性的,一旦选定小波基,在整个分析过程中无论信号变化与否都不能改变,且母小波的选择对方法的效果有很大影响。目前应用较为广泛的 Morlet 小波是基于傅立叶分析的,只适用于线性信号。不仅如此,长度有限的小波基可能会造成一定程度上的信号能量泄漏,很难定量计算信号能量—时间—频率分布。

双线性时频方法是由能量谱或功率谱演变而来的,对信号实施二次变换,此时时频表示不再满足线性关系。典型的方法有 Cohen 类双线性时频变换、仿射类双线性时频变换以及 Wigner-Ville 变换。

信号 $x(t) \in L^2(R)$,若 $x(t) = ax_1(t) + bx_2(t)$,则类似地得到双线性时频变换为:

$$P(t,\omega) = |a|^2 P_1(t,\omega) + |b|^2 P_2(t,\omega) + 2R_e[abP_{12}(t,\omega)] \tag{5.31}$$

其中,最后一项为互时频项,这项通常是震荡的,幅度是其他项的两倍,且该项可能会作为虚假信号干扰时频分析的结果,还将扩大信号噪声的分布范围。如何抑制交叉项的影响,是这类方法研究的关键。

参数化时频分析与前面两类方法不同,它不需要先验信息的参考,而是根据信号本身的组成结构,构造与信号最匹配的模型,且不产生交叉项的干扰。典型的方法有自适应匹配投影塔型分解法、小线调波(也称 Chirplet 变换)以及 Dopplerlet 变换。自适应匹配投影塔型分解法是利用一个经时延、伸缩和频率调制的高斯函数组成的原子集作为基函数集,通过最大匹配投影原理探索最佳的基函数线性组合,从而实现自适应分解。但这种方法由于采用恒定频率的 Gabor 基函数划分时频平面,仅对时不变的频率分量效果好,对 Chirp 信号分解时会造成分量之间的混合畸变。Chirplet 变换则用 Chirplet 函数代替恒定频率的 Gabor 函数作为基函数,用一任意斜度的线段线性逼近时频平面上的任一能量曲线。Dopplerlet 变换则针对存在随时间非线性变化的频率分量的信号,利用一组经过时延、伸缩和频移的加窗 Dopplerlet 函数作为基函数,通过自适应匹配投影塔型分解算法来逼近信号中的非线性成分。

Huang 等[183]学者于 1998 年提出一种新的时频分析方法——经验模态分解(Empirical Mode Decomposition,简称 EMD)。它与小波变换、Wigner-Ville 变换等方法不同,摆脱了傅立叶分析的理论局限,不需要根据先验信息选择基函数,而是根据信号自身的特征进行时频分析,具有一定的自适应性。

Huang 等学者创造性地提出以下假设:① 任何信号都是由一系列具有不同特征尺度的固有模态函数(Intrinic Mode Function,简称 IMF)组成;② 每个固有模态函数可以是线性的,也可以是非线性的;③ 任何情况下,一个信号可以由许多固有模态分量组成;④ 将各模态分量组合起来,形成复合信号。

每个 IMF 必须满足以下条件:① 在任何时刻,函数的局部最大值和局部最小值组成的包络平均值为零,即函数曲线关于时间轴对称;② 在函数定义的数据序列中,序列的极值点的数目与跨零点的数目相等或最多相差 1。

当原始信号序列不满足 IMF 的条件,则需要利用 EMD 方法对其进行平稳化处理。假设原始信号为 $x(t)$,分解步骤为:

① 找出 $x(t)$ 所有的局部极大值点和局部极小值点,通过拟合这些极点得到上下包络线 $x_{\max 1}(t)$ 和 $x_{\min 1}(t)$,且:

$$x_{\min 1}(t) \leqslant x(t) \leqslant x_{\max 1}(t), t \in [t_a, t_b] \tag{5.32}$$

② 计算上下包络线的平均包络线,如图 5.16 所示:

$$m_{11}(t) = \frac{[x_{\min 1}(t) + x_{\max 1}(t)]}{2} \tag{5.33}$$

③ 将原始信号 $x(t)$ 减去平均包络 $m_{11}(t)$,得到:

$$h_{11}(t) = x(t) - m_{11}(t) \tag{5.34}$$

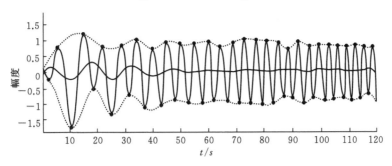

图 5.16　信号平均包络曲线

④ 一般情况下,$h_{11}(t)$ 不满足关于 IMF 的条件,则将 $h_{11}(t)$ 作为新的原始信号,重复步骤①、②和③,直至 $h_{1k}(t)$ 满足 IMF 的条件,即:

$$h_{1k}(t) = h_{1(k-1)}(t) - m_{1k}(t) \tag{5.35}$$

则此时,$h_{1k}(t)$ 为第一个 $IMF c_1(t)$,即:

$$c_1(t) = h_{1k}(t) \tag{5.36}$$

⑤ 计算残差 $r_1(t)$,即:

$$r_1(t) = x(t) - c_1(t) \tag{5.37}$$

⑥ 将 $r_1(t)$ 作为新的原始信号,重复上述五个步骤,直至得到余项 $r_n(t)$,并使得 $r_n(t)$ 为单调函数,最终得到 n 个 IMF 和 1 个余项 $r_n(t)$,且有:

$$x(t) = \sum_{i=1}^{n} c_i(t) + r_n(t) \tag{5.38}$$

实际上,分解得到的 n 个 IMF 可以看成一系列的基函数,不同的是,EMD 方法中基函数的获得不是先验选择的,而是从信号中自适应获得的。因而该方法在保证最优分解效果的同时，也兼顾了方法的适应性。文献[184]比较了两个正弦信号线性叠加的小波分解和 EMD 结果，证明了 EMD 方法得到的 IMF 数量较少，但结果更有意义。

式(5.35)可以变成：

$$h_{1(k-1)}(t) = h_{1k}(t) + m_{1k}(t) = m_{1k}(t) + c_1(t) \tag{5.39}$$

从滤波的角度看，上式中 $c_1(t)$ 可以看成 $h_{1(k-1)}(t)$ 的局部高频分量，而 $m_{1k}(t)$ 表示 $h_{1(k-1)}(t)$ 的局部低频分量。由此可以将 EMD 的 IMF 计算过程看成是一个不断筛选的过程，先计算得到高频的 IMF 分量，然后得到低频的 IMF 分量，最终计算得到的余项 $r_n(t)$ 则代表了信号的趋势。

不仅如此，通过 EMD 方法实现自适应滤波，没有破坏原始信号中的非线性和非平稳性，且通过 IMF 将混合信号中不同的成分分离出来，得到更加有意义的结果。图 5.17 给出了利用 EMD 方法分解由一个正弦信号和两个三角波信号混合而成的信号，从分解结果可以看出，EMD 方法相对于任何其他基于谐波的分析方法（如小波分析等），得到的结果更加有意义。

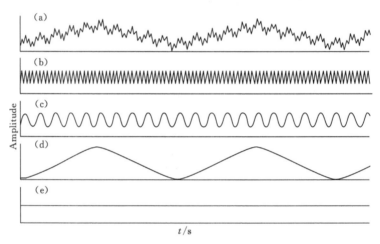

图 5.17　混合信号的 EMD 结果

(a) 混合信号；(b) IMF1；(c) IMF2；(d) IMF3；(e) 余项

EMD 方法因其自适应性，在天气、地震、医学等领域得到了广泛的应用。同时，为了提取信号的瞬时频率特征，EMD 方法通常与 Hilbert 变换相结合，通过计算分析各稳态 IMF 分量的 Hilbert 谱，最终分析得到原始信号的瞬时特征。

当然，在实际操作中，上述 EMD 的步骤还需要利用一些辅助算法来实现。

(1) 包络拟合方法

在 EMD 分解步骤中，包络线的获得至关重要，通常利用三次样条插值方法来实现。该方法是绘制通过一组形值点的一条光滑曲线，在数学上利用求解三弯矩方程组得出函数组的过程。该方法不仅能保证曲线各段在连续点上不间断，而且还能保证整个曲线的光滑性。同时文献[185]也给出了基于高次样条函数和三次样条函数的 EMD 结果，指出随着样条插值阶数的增加，EMD 方法的精度也随之提高，同时到达一定阶数以后，精度将不再提高。但这在一定程度上也增加了计算的复杂度。

(2) 端点问题

EMD 方法的筛选过程中，采用样条插值算法计算包络线，若信号的两端没有同时处于极大值和极小值点,则上下包络线在信号的两端将发生发散现象,尤其对于短数据序列,这种发散现象产生的保罗误差很容易污染整个序列,如图 5.18 所示。

目前,许多学者研究了一些方法来解决这一问题,以提高 EMD 算法精度。文献[183]通过向外延拓信号或极值的方法降低端点问题产生的包络线失真。文献[186]通过神经网络的方法延拓原始信号解决端点问题。文献[187]提出镜像闭合延拓的方法,将原始信号数据延拓成一个环形数据,解决端点问题。文献[188]提出自回归模型,通过线性预测延拓原始信号数据。文献[189]利用最小二乘法延拓原始数据多项式解决端点问题。

(3)停止准则

在 EMD 方法实现步骤中,通过比对 $h_{1k}(t)$ 和 IMF 要求来判断是否停止筛选。这不仅消除了骑行波,而且对信号中不一致的幅度进行了平滑处理。但是过多的筛选会使 IMF 分量变成单纯的幅度恒定的频率调制信号,这就失去了分解的实际意义。因此,在实际操作过程中,通过限制两次连续处理结果的标准差来判断筛选是否停止,即:

$$SD = \sum_{t=0}^{T} \left[\frac{|h_{1(k-1)}(t) - h_{1k}(t)|^2}{h_{1(k-1)}^2(t)} \right] \tag{5.40}$$

式中,$h_{1(k-1)}(t)$ 和 $h_{1k}(t)$ 为筛选 IMF 时两次连续的处理结果。文献[183]指出,上式值在 0.2～0.3 时,分解效果较佳;文献[187]则指出,上式值在 0.05～0.3 时,分解结果更好。

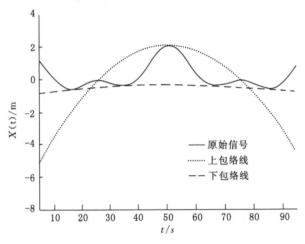

图 5.18　三次样条插值算法得到的包络线

(4)分解停止准则

在 EMD 分解过程中,必须通过相应的停止准则来判断当前余项是否为最终残差。通常的方法有:① 设置幅度阈值,当最后得到的余项的幅度小于等于该阈值时,则停止分解;② 判断余项是否为单调函数。

5.4.2　基于改进经验模态分解方法煤矿井下生命探测雷达目标提取方法

在雷达式生命探测领域,近几年国内外学者针对单频连续波和超宽带这两种体制的生命探测雷达进行了广泛的研究。超宽带生命探测雷达,因其高距离分辨力和较强的穿透性能受到越来越多的关注。

在煤矿井下巷道中,空间狭小,湿度高,因而电磁波的传输存在很强的多径效应,但同时井下巷道中频率的使用不受限制。因此,冲激体制的超宽带生命探测雷达具有实现简单、发射功率小、分辨率高、穿透能量好、抗多经能力强等特点,比较适合煤矿井下使用。但根据5.3 节的分析,生命信号属于微动信号,井下巷道中的强噪声干扰以及其他射频干扰很容易对探测结果带来很大的影响。因此,高分辨率抗干扰能力强的信号处理算法对于煤矿井下生命探测雷达的应用十分关键。本节基于经验模态分解的方法提出了一种新的生命体目标识别和定位算法,不仅能够滤除回波信号中的多径干扰,而且能够实现低信噪比条件下生命信号的识别和提取,并最终实现生命体的定位。

5.4.2.1 回波信号模型

（1）发射信号模型

不失一般性,这里选择高斯单脉冲作为超宽带单脉冲信号,则可表示为:

$$f(t) = 4\pi \frac{t}{\tau^2} \exp\left[-2\pi \frac{(t-T_c)^2}{\tau^2}\right] \tag{5.41}$$

其中,τ 表示脉冲宽度;T_c 表示该脉冲的时延。

为了兼顾距离分辨力和穿透性能,需要对雷达信号进行脉冲压缩。本节采用伪随机码对多个高斯单脉冲进行编码,即发射信号为:

$$s(t) = \sum_{n=0}^{N-1} c_n f(t-nT)$$

$$= \sum_{n=0}^{N-1} 4\pi \cdot c_n \cdot \frac{t-nT}{\tau^2} \exp\left[-2\pi \frac{(t-nT)^2}{\tau^2}\right] \tag{5.42}$$

式中,$\{c_n, n=0,1,\cdots,N-1\}$ 表示伪随机码序列;N 表示伪随机码序列的长度。

（2）回波模型

为了分析简单起见,不失一般性,假设收发天线位于垂直于障碍物表面的同一位置上,且与人体的距离为 d_0,则目标到雷达的距离为:

$$d(t) = d_0 + \Delta d(t) \tag{5.43}$$

式中,$\Delta d(t)$ 表示由生命信号产生的人体的体表微动。

根据 5.3 节分析,可以将人体的生命信号（呼吸、心跳）产生的体表微动等效为几个简谐振动之和,即:

$$\Delta d(t) = a_h \sin(\omega_h t + \varphi_h) + a_b \sin(\omega_b t + \varphi_b) \tag{5.44}$$

式中,a_h, ω_h, φ_h 分别为心跳信号的幅度、角频率和常数相位;而 a_b, ω_b, φ_b 分别为呼吸信号的幅度、角频率和常数相位。

把式(5.44)代入式(5.8),得到生命信号产生多普勒频移后的回波为:

$$r(t) = s\left[t - \frac{2d(t)}{v}\right]$$

$$= s\left[t - \frac{2d_0 + 2a_h \sin(\omega_h t + \varphi_h) + 2a_b \sin(\omega_b t)}{v}\right]$$

$$= \sum_{n=0}^{N-1} c_n A \frac{t-nT-d(t)}{\tau} \exp\left[-\frac{(t-nT-d(t))^2}{\tau^2}\right] \tag{5.45}$$

式中,v 为雷达发射信号在障碍物中的传播速度。

从式(5.45)可以看出,如果障碍物后面有生命体,则相对发射信号回波时延分成两部分:生命体与雷达收发天线之间的距离产生的固定时延,生命信号在回波中的时变多普勒时延。若将生命信号(呼吸、心跳)等效成若干个简谐振动之和,则回波时延呈周期性变化。若将一个回波采样中所有脉冲的时延叠加分解,则可以判断是否有生命体并计算得到生命体的位置。

5.4.2.2 基于经验模态分解的目标提取与定位算法

由5.3节分析可知,人体的生命信号(呼吸、心跳)是一个低幅值、准周期、窄带信号,正常人每次心跳导致的心脏收缩幅度约为几毫米;每次呼吸导致的胸腔起伏幅度约为几厘米。故由生命信号产生的多普勒时延也十分微弱。

在实际的井下巷道中,雷达发射的电磁波信号会被巷道壁、顶板、巷道底多次反射或折射,从而形成多径信号。当前时刻的回波信号经过多径传播很可能会在下一次回波采样中到达雷达接收机,这就对下一时刻的生命体的识别和定位结果造成干扰。此外,在目标提取的过程中,系统的热噪声以及巷道中的噪声干扰也会给算法结果带来一定影响。因此,本节提出的目标提取与定位算法,是对回波进行预处理,并对处理后的信号进行改进 EMD 分解,从分解结果中判断是否有生命信号以及提取生命体的位置。该方法是针对井下巷道的严重多径干扰情况,以及低信噪比环境,提出的一种高效准确的生命信号识别与定位方法。

(1) 回波预处理

根据式(5.42),雷达发射的超宽带信号是经伪随机码序列编码的一系列高斯脉冲串,而伪随机码序列具有良好的自相关特性。以巴克码为例,其自相关函数可以实现 $N:1$ 的主瓣峰值幅度和旁瓣峰值幅度比。基于这一性质,若雷达发射的脉冲串间隔为脉冲宽度的整数倍,将接收机中相邻两次回波采样进行互相关运算,即(假设发射脉冲串间隔时间为0):

$$R_{12}(t) = \frac{1}{NT} \int r_1(t) * r_2(t + NT) \mathrm{d}t$$
$$= \frac{1}{NT} \int s\left[t - \frac{2d_1(t)}{v}\right] * s\left[t - \frac{2d_2(t)}{v}\right] \mathrm{d}t \tag{5.46}$$

其中,$r_1(t)$ 和 $r_2(t)$ 为相邻两发射脉冲串的回波采样信号;NT 为一个发射脉冲串的周期;$d_1(t)$ 和 $d_2(t)$ 为两次回波相对各自发射脉冲串的时延。

由于采用冲激超宽带脉冲,脉冲的宽度为几纳秒,发射脉冲串的间隔时间也较短,因而两次相邻发射脉冲串的回波中的多普勒时延的变化非常缓慢。所以可以近似地认为,在相邻两次回波中,由生命信号产生的时延相等。若两个接收回波采样均为生命体目标反射的回波时,有 $d_1(t) \approx d_2(t)$,此时式(5.46)中的互相关运算变为两个脉冲串的自相关运算,即:

$$R_{12}(t) = \frac{1}{NT} \int s\left[t - \frac{2d_1(t)}{v}\right] * s\left[t - \frac{2d_1(t)}{v}\right] \mathrm{d}t$$
$$= R_{11}(t) \tag{5.47}$$

假设发射脉冲串为式(5.42)中的脉冲串,则图 5.19 为发射脉冲串的自相关曲线。

若此时两次相邻回波采样中有一个回波为多径信号,而一般多径信号与目标的回波信号相位不对齐,即根据图 5.19 通过互相关预处理后的输出结果很小。因此,首先对相邻回波采样进行两两互相关滤波,根据运算结果可以判断并滤除各次回波采样中的多径回波信号,从而提高系统的准确度。

(2) 基于改进 EMD 的目标提取算法

在互相关滤波预处理后,将雷达发射脉冲串的第一个脉冲作为接收端匹配滤波器的参

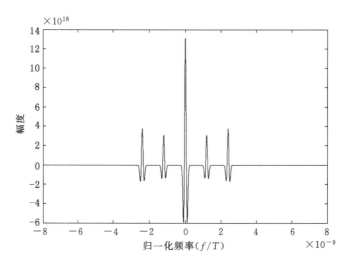

图 5.19 5 位巴克码编码的高斯脉冲串自相关函数

考脉冲,依次分别对每次回波采样中每个脉冲进行相关处理,即可计算得到每次回波采样中每个脉冲的时延。如果雷达发射脉冲串中有 N 个脉冲,从每次回波采样中可以得到 N 个时延数据,将每次回波采样的这 N 个数值累加,通过时域累积实现更好的探测效果,即:

$$\tau_i = \frac{2Nd_0 + 2a_h \sin(\omega_h t + \varphi_h) + 2a_b \sin(\omega_b t + \varphi_b)}{v} + n_i, i = 1, 2, \cdots, M \quad (5.48)$$

式中,τ_i 为第 i 次回波采样中所有脉冲的时延之和;M 为雷达接收机中接收到的回波采样的个数;d_0 为目标与雷达收发天线之间的距离;a_h, ω_h, φ_h 分别为心跳信号的幅度、角频率和常数相位;a_b, ω_b, φ_b 分别为呼吸信号的幅度、角频率和常数相位;n_i 为系统和环境的噪声干扰。

由于每次回波采样中叠加的噪声之间具有不相关性,因此对各回波采样的总时延进行 EMD 分解,再对各回波采样的相应的 IMF 进行平均处理,这将大大降低系统和环境噪声对探测结果的干扰。

若有生命体,则生命信号的频率在所有的回波采样的整个时间长度上均存在。利用傅立叶分析得到 EMD 分解结果的幅频曲线,即曲线上某个频率上的幅度表示一个正弦或余弦波在整个时间长度上均存在,且 EMD 分解后,各回波采样被分解为多个平稳的 IMF。因此,只需对平均处理后的 IMF 进行傅立叶变换得到幅频曲线,即可从幅频曲线中判断回波采样中是否存在生命信号,若存在,并计算得到生命体的位置。

根据以上分析,目标识别与定位算法的具体步骤如下:

① 通过匹配滤波器计算每次回波采样中每个脉冲相对发射脉冲的时延,并将每次回波采样中每个脉冲的时延数据叠加,计算得到各回波采样的总时延 τ_i。

② 对每个 τ_i 进行 EMD 分解,得到各自的 IMF_i 和 $r_i(t)$。

③ 将上述 M 次 EMD 分解结果——各 IMF_i 叠加平均,得到:$\overline{c_i} = \frac{1}{M} \sum_{m=1}^{M} c_{im} (m = 1, 2, \cdots, M)$,并将 $\{\overline{c_i}, i = 1, 2, \cdots, n\}$ 作为回波采样的各 IMF_i;再将 M 个余项 $r_i(t)$ 累加平均,得到 $\overline{r_n(t)} = \frac{1}{M} \sum_{m=1}^{M} r_{im}(t) (m = 1, 2, \cdots, M)$,并将其作为最终的回波采样的残差。

④ 对各平均 IMF_i 进行傅立叶变换,得到相应的幅频曲线,并从曲线中判断是否有生命信号频率存在。

⑤ 若存在生命信号频率,则生命体目标与收发天线之间的距离产生的时延将在 τ_i 中表现为直流分量,即体现在经过 EMD 分解的残差信号 $r_n(t)$,且经回波脉冲串中各脉冲时延累加后,该直流分量扩大 N 倍。所以有 $\dfrac{\overline{r_n(t)}}{N} = \dfrac{2d_0}{v}$,则最终计算出目标的位置为 $d_0 = \dfrac{\overline{r_n(t)} * v}{2N}$。

5.4.3 仿真结果与分析

为了证明上述目标提取与定位算法的效果,这里假设人与雷达收发天之间的距离为 40 cm,生命信号(呼吸、心跳)的参数设为:$a_h = 0.1$ mm,$\omega_h = 2\pi \times 1.2$ rad,$\varphi_h = 0$,$a_b = 1$ cm,$\omega_b = 2\pi \times 0.4$ rad,$\varphi_b = 0$。

根据 5.2.1.2 的分析可知,电磁波在介质中的传播速度可简单的表示为 $v = \dfrac{c}{\sqrt{\varepsilon_r}}$。式中 c 表示真空中电磁波的传播速度,ε_r 表示介质的相对介电常数。宋劲等[190]给出了原煤炭科学研究总院重庆分院针对全国 30 多个矿务局、100 多个煤层中 325 个具有代表性的煤样在高频条件下的介电特性实验测试结果,如表 5.1 所示。根据表中数据,若障碍物为煤岩混合介质,则可取 $v = 0.1$ mpns。

表 5.1 各煤样高频介电特性实验结果

煤样	相对介电常数	电阻率/($\Omega \cdot$ m)
褐煤	2.8	86
气煤	2.8	$5.9 * 10^2$
肥煤	3.0	$1.1 * 10^3$
焦煤	2.3	$4.9 * 10^2$
瘦煤	3.1	$1.1 * 10^3$
贫煤	2.5	$3.6 * 10^2$
无烟煤	3.6	68

若采用式(5.42)中的脉冲串作为雷达发射信号模型,并假设两次回波采样中系统和环境的噪声均为高斯白噪声,其幅度分别为 2×10^{-11} 和 1×10^{-10},则根据式(5.48)得到回波采样信号 1 和回波采样信号 2。

根据 5.4.2 节的分析,对两次回波采样进行 EMD 分解,并利用 Matlab 程序进行仿真,最后对各 EMD 结果进行傅立叶变换,得到相应的幅频曲线,如图 5.20~图 5.23 所示。类似地,根据本节中目标提取与定位算法得到的目标回波采样的 EMD 分解结果,并利用傅立叶分析得到相应的幅频曲线,利用 Matlab 程序对算法进行仿真,得到如图 5.24 和图 5.25 所示结果。

从上述仿真结果可以看出,当生命体与探测雷达之间存在障碍物时,因为电磁波在障碍物中传输能量衰减比较大,故发射电磁波的能量不足以穿透人体体表,探测到心跳信号产生

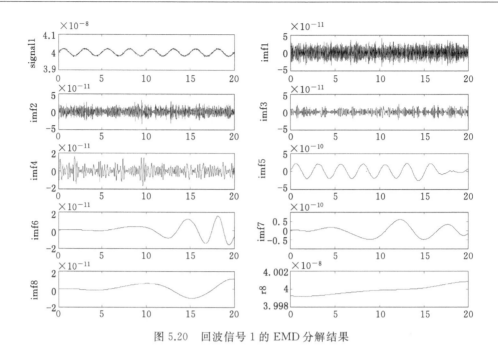

图 5.20 回波信号 1 的 EMD 分解结果

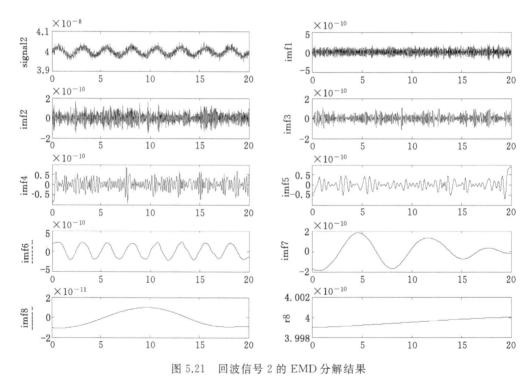

图 5.21 回波信号 2 的 EMD 分解结果

的心脏收缩运动,所以在这种情况下,呼吸信号产生的人体体表的微动即为探测的主要目标。若有生命体存在,则生命信号频率会在回波采样的整个时间长度上存在,故将回波采样的时延数据进行 EMD 分解,并对分解结果进行傅立叶变换得到各自幅频曲线,通过幅频曲线即可判断有无生命信号,并计算生命体距离雷达收发天线的距离。由图 5.22 和图 5.23 可

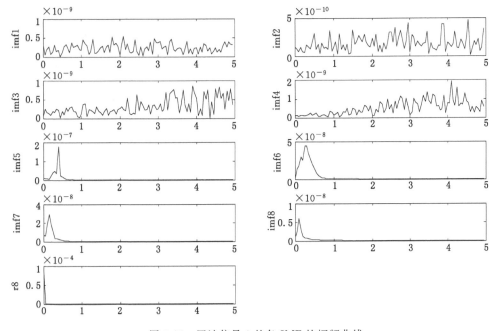

图 5.22　回波信号 1 的各 IMF 的幅频曲线

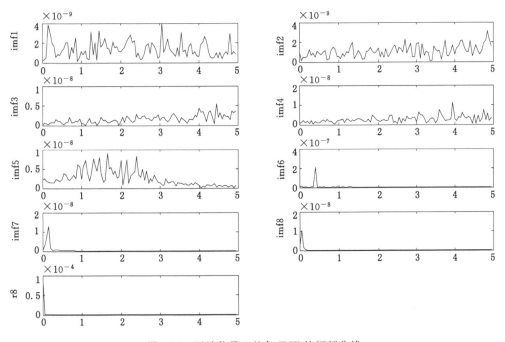

图 5.23　回波信号 2 的各 IMF 的幅频曲线

知,呼吸信号(频率为 0.4 Hz)主要分布在分解结果的 IMF5~IMF6 中,且 EMD 分解对两次回波采样中的系统和环境噪声抑制效果不明显。即在回波采样 1 的 IMF6 以及回波采样 2 的 IMF5 的幅频曲线中,在呼吸信号频率附近存在幅度与呼吸信号频率幅度差不多的频率点,这可能会给系统判断有无生命信号的结果带来影响,产生误差。相对地,利用各次接收

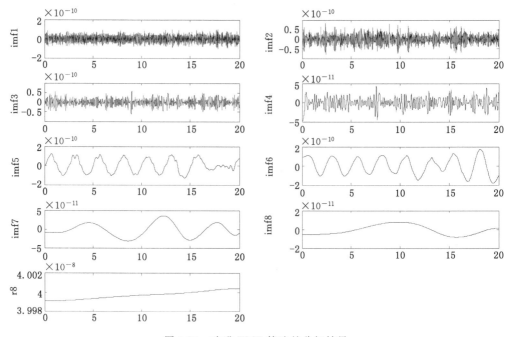

图 5.24 改进 EMD 算法的分解结果

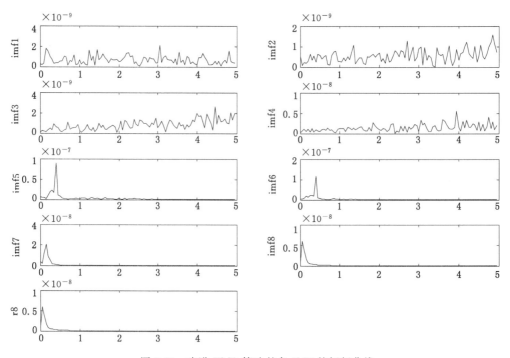

图 5.25 改进 EMD 算法的各 IMF 的幅频曲线

回波采样中的噪声随机性,采用上节中提出的目标提取与定位算法。从图 5.25 中可以看出,在幅频曲线的平均 IMF5 和平均 IMF6 中,呼吸信号频率的幅度相对更加明显,即呼吸信号频率周围没有与该频率点幅度相当的噪声,故该算法提高了系统的输出信噪比,使得判断结果更加准确。不仅如此，从图 5.25 中余项 r8 的幅频曲线中，可以计算得到直流信号的幅度，并根据 $d_0 = \dfrac{\overline{r_i(t) * v}}{2N}$ 计算得到生命体与雷达收发天线之间的距离，从而实现生命体的定位。

6 煤矿井下超宽带无线定位方法研究

6.1 无线定位原理及常用方法

6.1.1 无线定位原理、分类及发展

定位,就是确定地球表面某种物体在某一参考坐标系中的位置[191]。传统的定位技术是为了实现导航服务的一种辅助技术,而导航技术是为了引导交通工具等从起点顺利到达目的地的技术。20世纪以来,多个导航系统研制成功,目前应用最广、精确度最令人满意的为全球卫星导航定位系统(Global Positioning System,简称 GPS)。但这种基于手机的应用往往受到环境等的限制,当终端处于密集的或室内环境等,这种 GPS 定位功能精度急剧下降。因此,伴随着通信技术的发展,定位技术也出现了种类繁多的方法。

6.1.1.1 无线定位原理

目前,从定位的方法来看,主要分为三种定位:推算定位、接近式定位和无线定位[192]。推算定位是基于地图匹配算法,利用一个相对参考点或者初始位置来计算运动目标当前的位置,该方法适用于运动目标的连续定位。接近式定位也称信标定位,它通过寻找与运动目标当前位置最接近的固定参考点来估计当前目标的位置。根据无线定位的载体不同,又可将无线定位分为地面无线定位和卫星无线定位。地面无线定位是通过发射接收无线电波、超声波等,并估算无线电波等的接收场强、传播时间、到达时间差、发射接收角度差等参数,建立目标位置方程组,实现目标的二维甚至三维定位。卫星无线定位则是利用 GPS[193]、GLONASS[194]、北斗双星[195]等卫星系统中多个卫星与目标之间发射接收无线电波的时间等参数实现运动目标的三维定位。

地面无线定位技术的基本原理如图 6.1 所示。大致可分为两个步骤:第一步,测量估算无线电波等定位载体的参数;第二步,根据估算的参数,建立相应的定位模型,并采用相应的位置估计算法来计算目标的当前位置。

6.1.1.2 无线定位技术分类及发展

无线定位技术的研究起源于第二次世界大战中的军事应用。1948 年,Stansfield 首先提出基于角度测量(AOA)的无源目标追踪技术[196]。民用无线定位技术的研究开始于1969 年[197],W.Figel 提出了基于信号强度测量(RSS)的运动车辆定位系统。1977 年,G.D. OTT 提出了蜂窝无线定位理念[198],讨论了基于 RSS 的车辆定位精度和系统性能之间的关系。1996 年[199],美国联邦通信委员会(FCC)公布了 E－911 法规,要求自 2001 年 10 月 1日起,对于提出紧急呼叫的移动终端,蜂窝网必须提供精度 125 m 以内、准确率达 67％以上

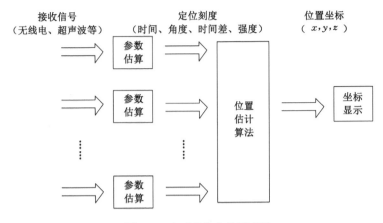

图 6.1　地面无线定位原理图

的定位服务。1998 年,又将定位要求修改为精度为 400 m、准确率 90％以上。1999 年,FCC
再次将定位要求修改为:网络定位精度 100 m 以内、准确率 67％以上,精度 300 m 以内,准
确率 95％以上;移动终端定位精度 50 m、准确率 67％以上,定位精度 150 m,准确率 95％以
上。此外,欧盟也颁布了 E－112 的定位需求,这无疑极大地促进了无线定位技术的发展。
第三代移动通信标准也将移动终端定位技术纳入了重要内容范畴[200]。2000 年 10 月,全球
三大通信公司——诺基亚、爱立信和摩托罗拉成立了"位置信息互用论坛",目的在于提供全
球范围内的无线终端和网络定位服务。近年来,世界范围内各大通信公司均展开了移动定
位业务,世界各大研究机构以及很多大学也开展了关于无线定位技术的研究[201-202]。

　　随着研究工作的不断开展,无线定位技术出现了很多分类[34],如图 6.2 所示。图中将
无线定位技术按照应用环境、解决方案、定位物理层技术、定位模式、定位参数、估算技术以
及定位安全性的不同进行多种分类。当然这些分类方案之间也具有一定的从属性,比如根
据定位物理层技术的不同将无线定位技术分为射频/超声波/UWB/红外/RFID、蓝牙、
WLAN、Zigbee 传感器节点、室内 GPS、GPS/DGPS/GLONASS/Galileo/北斗、GSM/UT-
MS。针对射频技术的无线定位系统,可以用于解决室内(局域)定位问题,也可以用于解决
室外(全局)定位要求。

　　室外(全局)定位是针对远距离功耗非受限空间内的目标定位技术,目前适用于这种范
围的无线定位系统主要有全球卫星导航系统和电信网络系统。其中,美国的 GPS[203]是应
用最成熟的导航系统。虽然 GPS 可以提供连续高精度的位置、速度、时间等信息,但它不具
备主动定位功能,且使用时也有很多限制[191]:① 该系统待定位目标需要收到至少 4 颗卫星
的定位信号才能完成一次定位,且均需在视距环境,对市区等密集环境,卫星信号可能被遮
挡,从而使定位精度大大降低;② 该系统需要定位终端自主定位或导航,不具备主动定位功
能;③ 利用该系统对移动终端进行定位,首次可能需要 10 min 时间,实时性较低,对 E－911
这类服务不适用。针对以上问题,利用地面网络的差分 GPS(简称 DGPS)技术和利用蜂窝
网络的辅助 GPS(简称 AGPS)应运而生,其中 AGPS 系统如图 6.3 所示。利用固定位置下
的 GPS 接收机获得移动终端的辅助数据,需定位的移动终端不需译码即可定时测量,从而
使定位时间缩短至几秒钟。欧盟的 Galileo 系统[204]用于实现紧急状态下的定位,为世界范
围内的搜救工作带来了福音。我国研制的北斗双星卫星定位系统是一种主动式双向定位系

统,精度在 100 m 以内。

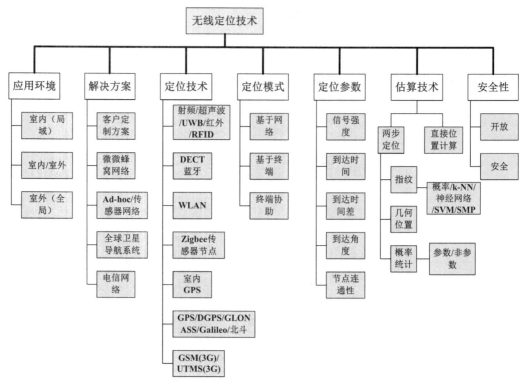

图 6.2　无线定位技术分类

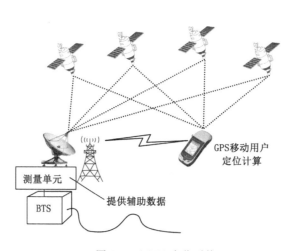

图 6.3　AGPS 定位系统

　　室内(局域)定位是针对建筑物内部等功耗受限空间内目标的无线定位。国外学者以红外、超声波、射频信号、图像为物理层技术进行了一些研究。1992 年剑桥 AT&T 实验室开发的 ActiveBadge 系统[205-206],是利用红外线技术实现的单元接近度系统;1999 年剑桥 AT&T 实验室开发的 ActiveBat 系统[207]以及 2000 年剑桥 AT&T 实验室开发的 Cricket 系统[208-209],是采用超声波传输的时间延迟技术实现定位;2000 年 Microsoft 研究院开发的 RADAR 系统[210],是基于 IEEE802.11 无线局域网技术的室内跟踪定位系统;2001 年,Microsoft 研究院开发的 EasyLiving 系统[211]，是基于计算机视觉技术的定位系统。该系统用实时三维照相机实现了家庭环境中的立体视觉定位功能；2002 年，意大利 Trento 大学和意大利网络计算研究委员会开发的 BIPSE 系统，是一个基于蓝牙的室内定位系统[212]；由 Auto-ID 中心开发无线射频识别（RFID）技术，它基于信号强度分析法，采用聚合的算法对三维空间进行定位，如 SpotON 系统[213] 和 PinPoint 3D-iD 系统[214]。

　　基于蜂窝网络的无线定位技术，是一种集通信和定位于一体的技术。根据定位模式的不同，蜂窝定位技术又分为基于移动终端的定位技术和基于蜂窝网络的定位技术[191]。前者是移动终端接收来自多个位置已知的基站的信号，然后测量估算相应参数（如到达时间、到达时间差、信号强度或到达角度等），从而实现定位，如图 6.4 所示。主要定位系统有基于 GSM 下行链路增强观察时间差定位系统、基于 WCDMA 下行链路的空闲周期到达时间差系统、GPS 以及 AGPS。这种方法精度较高，但网络之间不兼容。基于蜂窝网络的定位技术是网络根据多个基站测得的移动目标的参数来估算目标位置，主要系统有基于扇区的小区标识定位系统（简称 Cell-ID），基于上行链路到达时间（UL-TOA）、到达时间差（UL-TDOA）、到达角度（UL-AOA）系统，基于时间提前数据系统。其中 Cell-ID 系统无须修改网络或定位终端，便可为移动用户提供主动定位服务。该系统是利用用户所处的蜂窝小区的 ID 标识信息来实现用户定位，精度由蜂窝小区半径决定，相对其他系统精度较低。当然，这些定位系统的精度离 FCC 的要求还有一定距离。

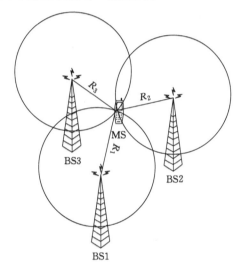

图 6.4　基于移动终端定位技术

　　随着网络、无线通信等技术的发展，无线传感器网络的节点定位技术也越来越受人们的关注，另外还有利用广播电视电台信号[215] 进行定位的技术。以上这些定位技术都是伴随着不同的定位需求而发展起来的，它们拥有各自的优势，同时也随着定位需求的变化不断发展。

6.1.2　无线定位的基本方法[34]

　　根据无线定位原理可知，定位第一步是测量估算接收信号的一个或多个参数，再根据这些参数建立定位模型求解目标位置。根据图 6.2 可知，传统的无线电定位方法，按照所测量的特征参数的不同,分为以下几种:到达角度定位,接收信号强度分析法,到达时间定位,到达时间差定位[216]。基于节点连通性的定位技术往往用于基于传感器网络的定位需求。当然除了这些基本的方法外,还有基于指纹等其他定位方法。

6.1.2.1 接收信号强度分析法

RSS(Receive Signal Strength,简称 RSS)是基于接收信号强度的定位方法,先利用接收信号强度随传输距离的增大而衰减的原理,通过接收信号的强度值与发射信号强度比较,并结合相应的信道衰落模型,计算参考点与目标之间的距离。通常在蜂窝网络中[191],移动终端向前向链路的多个基站发射信号并测量到达基站信号的强度,或者多个基站向反向链路的移动终端发射信号并测量到达移动终端的多个接收信号的强度值,然后根据信道衰落模型建立方程组,求解目标移动终端的位置。图 6.5 给出了 RSS 定位方法的原理,图中三条连通的曲线表示中心参考点接收的信号强度相等的点的集合。

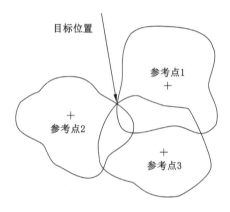

图 6.5　RSS 定位原理图

由图 6.5 及几何原理知,要想实现二维定位,至少需三个参考点。这种方法对环境变化较为敏感。理想状况下,每个参考点根据接收到目标定位信号的强度值以及路径损耗模型,绘出以参考点为中心、以参考点到目标的距离为半径的圆,各参考点绘制的圆的交点即为目标的位置。但实际测量中,由于环境的变化以及测量的误差,绘制的曲线不再是圆,而是如图中所示的闭合曲线。尤其针对多径衰落信道,由于反射或折射形成的多径分量相对直达路径传输的距离长,因而对于两个传输距离差为 0.5 个波长的两个多径分量,强度可能相差 30～40 dB,这时同样位置的目标发射信号,估算得到的距离会相差很远。若参与定位的参考点有一个或多个出现这样的测量误差,那么绘制出的三条闭合曲线将不再交于一点,从而使最终的定位结果产生很大误差。

为了克服多径效应给定位精度带来的影响,对运动速度较快的无线终端采用多个接收信号强度的平均值来降低测距误差,但对运动速度较为缓慢甚至静止的无线终端,有效的接收信号强度平均值则很难获得。

此外,阴影效应是影响 RSS 定位精度的又一个因素。克服这一问题的主要办法就是预先测量每个参考点的接收信号强度(或功率)的等高线。当然,等高线的测定需要以无线信号衰落模型作为基础,很多学者针对不同的应用环境,建立了许多无线信号衰落模型[217]。其中,针对 RSS 定位常用的模型有 Okumura 模型、Okumura-Hata 模型和 Hata 模型。

6.1.2.2 到达时间定位法

TOA(Time of Arrival)是基于信号到达时间的定位方法,利用测量无线信号从参考点到目标的传播时间实现定位。如图 6.6 所示,TOA 定位法通过测量两个(或多个)已知位置参考点与目标点之间的信号传播时间,分别计算出目标与各参考点之间的估计距离 $D_i(i = 1,2,3,\cdots)$,然后以各参考点位置为圆心,以计算得到的距离为半径,绘制两个(或多个)圆,理想状况下这些圆的交点就是目标在二维平面的位置。

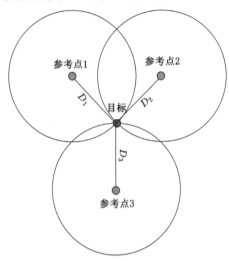

图 6.6 TOA 定位原理图

时间测量误差和同步精度是影响 TOA 定位方法误差的主要因素。利用 TOA 方法实现定位时,为了获得无线信号在目标与参考点之间的传输时间,则需要接收信号的目标或者参考点了解该定位信号的发射时刻,那么参考点和目标之间需要有非常精确的同步时钟。这一点在实现中,尤其对于超宽带无线定位实现中,非常困难。对于蜂窝网,由于移动终端的位置不确定,因而要实现基站与移动终端的同步,就需要在基站和移动终端均添加高精度的时钟,这无疑增加了移动终端的体积和成本。另外,由几何原理可知,要实现目标的二维定位,采用 TOA 定位方法需要至少三个参考点,要保证定位的精度,这三个参考点和目标之间就必须精确同步。对蜂窝系统而言,由于远近效应的存在,三个基站很难同时接收到同一移动终端的定位信号。尤其在市区等密集环境,多径传播和非视距传播的影响,会使 TOA 的时间参数测量精度大大降低,从而使定位的误差大大增加。

由于多径传播、非视距传播以及同步误差的影响,以及同步误差、NLOS 误差等影响,图 6.6 中三个参考点的圆周曲线不再汇聚一点,往往出现三个圆交汇在一个区域,或者无法汇聚,如图 6.7 所示。所以在实际蜂窝网络定位中,常常利用 GPS 对基站进行校时,减少同步误差,并采用非视距鉴别和消除算法抑制非视距传播对定位精度的影响,这同时也增加了系统的实现复杂度。

6.1.2.3 到达时间差定位法

TDOA(Time Difference of Arrival)是基于信号到达时间差的定位方法,测量定位信号到达两个基站的时间差来估算目标位置。一般有两种实现方式[218]:① 首先测量信号到达两个参考点的到达时间,然后通过相减得到相应的 TDOA;② 利用两个参考点接收到的信

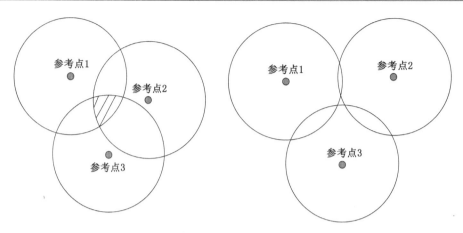

图 6.7　存在误差时 TOA 定位原理图

号进行相关运算,得到相应的 TDOA 数值。表面上看,利用 TOA 数值转换为 TDOA 定位与单纯的 TOA 定位方法比,没有什么优点。但当两个参考点因为同一反射体产生多径效应,其误差具有相关性,利用 TOA 转换为 TDOA 的定位方法可以提高定位的精度。但这种方法仅适用于可以进行 TOA 测量时的定位,当参考点与目标之间不同步且没有参考时间时,就需要采用第二种方法。

图 6.8 给出了 TDOA 的原理,从图中可以看出,通过测量出目标与两个参考点之间的到达时间的差值,从而计算出目标与参考点之间的估计距离。

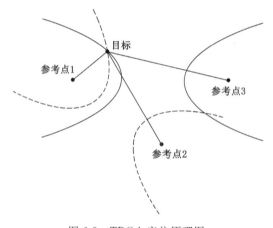

图 6.8　TDOA 定位原理图

由于 TDOA 是利用时间差来实现定位,而非 TOA 的绝对时间,因而该方法对定位的要求比 TOA 的低。在实际应用中,TOA 定位方法要求具有严格的全网同步时钟,但 TDOA 定位方法只需参考点之间同步即可,这降低了同步实现的难度。因而,这种定位方法应用较为广泛。

6.1.2.4　到达角度法

AOA/DOA(Angel/Direction of Arrival)是基于信号到达角度的定位方法,通过测量目标发射信号到达参考点的角度来实现定位。图 6.9 给出了 AOA 定位的原理。理想情况下,如果两个参考点之间的距离已知,则两个参考点各自以测量角度发出的射线的交点即为目标所在位置。

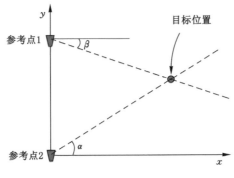

图 6.9　AOA 定位原理图

AOA 定位方法的误差主要来源于以下几个方面：① 天线阵列的放置误差，为了提高定位精度，参考点接收机通常采用阵列天线，同时天线阵列中某些天线摆放的误差也会产生定位误差；② 由于多径效应的存在，使得到达参考点的信号方向可能不是从目标直接到达的，因而这就给最终的定位带来误差；③ 当参考点和目标之间没有视距存在时，无线信号非视距的传播也会给 AOA 定位结果带来误差。

6.1.2.5　混合定位法

混合定位方法就是利用两种或多种上述定位方法的组合来实现定位。这种方法可以充分利用参考点的已知位置信息，相对单一的定位方法所需参考点数目少，定位精度高。常用的混合定位方法有 TOA/RSS、TDOA/TOA、TDOA/AOA、TOA/AOA 等。混合定位方法吸收各种定位方法的优点，越来越受到人们的关注。

6.1.2.6　几种定位方法比较

上述各定位方法因实现方法不同而具有各自的优缺点：RSS 定位方法实现简单，同时由于阴影效应以及多径效应的影响，使得方法的精度较差；TOA 定位方法的精度较高，但对同步的要求较高；TDOA 定位方法与 TOA 定位方法类似，只需参考点之间同步，因而对同步的要求较低；AOA 定位方法需要在接收端配备天线阵列才能确保其精确度，且参考点与目标之间必须有直射路径存在，这样系统的复杂度较大，成本较高，且系统设备体积较大，不适合在空间受限、大带宽的多径密集环境中使用。混合定位方法同时测量多个定位参数，综合了不同定位方法的优缺点，其精度由组合的多种定位方法决定。

当然，除了上述五种基本的定位方法外，还有其他参数估计定位方法，如基于到达时间之和（TSOA）的定位方法[219]、基于离开角度（Angle of Departure，简称 AOD)[220] 定位方法、基于多普勒频移定位方法[221-222]，基于接收信号的多径功率时延剖面（Power Delay Profile，简称 PDP）或信道脉冲响应（Channel Impulse Response，简称 CIR)[223] 的定位方法（也可统称为基于指纹的定位方法）。在实际应用中，应根据实际定位环境以及定位精度要求，选择适合的定位方法。

6.1.3　定位精度的评价标准[34]

为了评估定位方法的好坏，一个重要的因素就是定位精度。而评价定位精度的标准有很多种，常用的标准有均方根误差（简称 RMSE）、定位解均方误差（简称 MSE）、克拉美-罗下界(简称 CRLB)、几何精度因子(简称 GDOP)、圆误差概率(简称 CEP)以及累计分布函数(简称 CDF)。此外,G-CRLB 提出一个所有无偏参数估计方差的下界,一般情况下这个标准适用于平稳的高斯噪声环境下对平稳的高斯信号进行估计。GDOP 适用于评估基站的位置或分布对定位精度的影响,且与 CEP 存在简单的对应关系。定位误差的概率密度函数(PDF)、CDF 以及相对定位误差(RPE)常用于工程中的定位应用。

6.1.3.1　MSE 和 CRLB

二维定位中,MSE 计算方法为:

$$MSE = (x - \bar{x})^2 + (y - \bar{y})^2 \tag{6.1}$$

其中,$(\bar{x}, \bar{y})$ 为目标的估算位置;(x, y) 为目标的实际真实位置。则 RMSE 定义为:

$$RMSE = \sqrt{MSE} = \sqrt{(x - \bar{x})^2 + (y - \bar{y})^2} \tag{6.2}$$

在评价一个定位方法的精度时,即用计算的 MSE 或 RMSE 与理论的 CRLB 下界比较。文献[193]给出了 TDOA、TOA 和 AOA 定位方法的 CRLB 表达式,一般可表示为:

$$\boldsymbol{\Phi} = c^2 (\boldsymbol{G}_t^{\mathrm{T}} \boldsymbol{Q}^{-1} \boldsymbol{G}_t)^{-1} \tag{6.3}$$

式中,$\boldsymbol{G}_t = \begin{bmatrix} [(x_1-x_0)/R_1] - [(x_2-x_0)/R_2] & [(y_1-y_0)/R_1] - [(y_2-y_0)/R_2] \\ [(x_1-x_0)/R_1] - [(x_3-x_0)/R_3] & [(y_1-y_0)/R_1] - [(y_3-y_0)/R_3] \\ [(x_1-x_0)/R_1] - [(x_M-x_0)/R_M] & [(y_1-y_0)/R_1] - [(y_M-y_0)/R_M] \end{bmatrix}$

(以 TDOA 为例,R_i 表示目标初始位置 (x_0, y_0) 与参考点 (x_i, y_i) 之间的距离),表示初始估计位置的泰勒展开系数;$\boldsymbol{Q}$ 表示 TDOA 协方差矩阵;c 表示无线电波在真空中的传播速度;$\boldsymbol{\Phi}$ 为对角线元素之和表示 MSE 的理论下界。RMSE 的理论下界为:

$$RMSE_{\min} = \sqrt{\mathrm{tr}(\boldsymbol{\Phi})} \tag{6.4}$$

式中,$\mathrm{tr}(\boldsymbol{\Phi})$ 表示矩阵 $\boldsymbol{\Phi}$ 的迹。实际定位中,若所有接收机的噪声功率谱密度相似,则 $\boldsymbol{Q}$ 的对角线元素可被 σ_d^2(TDOA 测量方差)替换,其他元素用 $0.5\sigma_d^2$ 代替,从而形成 TDOA 的协方差矩阵。

6.1.3.2　CEP

对定位精度一种简单且严格的度量是圆误差概率 CEP,这是对相对定位均值的不确定性的度量。在进行二维定位时,这个标准涵括了一半的以定位均值为中心的随机矢量构成的圆半径。如图 6.10 所示,图中给出了 CEP 的原理。当估计结果没有偏差时,CEP 则为目标相对真实位置的不确定性的度量;若存在偏差时,且偏差以 B 为界,则目标的估算位置有 50% 的概率位于距离 $B + CEP$ 内,这时 CEP 是一个复杂函数,常取近似值。

对于 TDOA 定位方法,CEP 为:

$$CEP = 0.75 \sqrt{\sigma_x^2 + \sigma_y^2} \tag{6.5}$$

式中,σ_x^2,σ_y^2 分别为目标的二维估算位置的方差。

6.1.3.3　GDOP

基于测距的定位方法,其定位精确度通常与参考点和目标之间的几何位置有很大关系。而几何精度因子(GDOP)正是衡量几何位置对定位精度影响的程度。GDOP 定义为定位均方根误差与测距均方根误差的比率,表达了几何位置对测距误差的放大程度。在无偏估计情况下,GDOP 为:

$$GDOP = \sqrt{\mathrm{tr}[(\boldsymbol{A}^{\mathrm{T}} \boldsymbol{A})^{-1}]} \tag{6.6}$$

图 6.10　圆误差概率

其中，A 表示特定定位参数测量值建立的定位模型的系数矩阵，有：

$$Y = AX \tag{6.7}$$

式中，Y 表示已知的参考点的位置向量；X 为目标位置的未知向量。若方程数大于未知量数时，利用最小二乘（LS）法计算目标位置：

$$X = (A^{\mathrm{T}}A)^{-1}A^{\mathrm{T}}Y \tag{6.8}$$

当对目标进行二维 TDOA 定位时，GDOP 可写成：

$$GDOP = \frac{\sqrt{\sigma_x^2 + \sigma_y^2}}{\sigma_s} \tag{6.9}$$

其中，σ_x^2，σ_y^2 分别为目标的二维估算位置的方差；σ_s 为测距误差的标准差。结合式（6.5），GDOP 和 CEP 关系为：

$$CEP \approx (0.75\sigma_s)GDOP \tag{6.10}$$

GDOP 可用来作为定位方法中参考点的选择指标，参与定位的参考点应该是 GDOP 最小的参考点。

6.1.4　适合超宽带信号的无线定位方法

超宽带技术[8,10,224]利用极宽的带宽或极窄脉冲来传输信息，具有很强时间分辨力[16]，尤其在使用基于到达时间的定位方法时，能够实现高精度定位。不仅如此，超宽带信号有很强的穿透性能，能很好地解决定位过程中有障碍物的阻挡问题，故超宽带技术在定位方面的应用有"天然"的优势。考虑到大带宽会给周围近距离其他无线系统造成干扰，超宽带技术在地面的主要应用领域就是目标定位。目前应用于地面的超宽带定位系统主要有：由美国 AETHERWIRE&LOCATION 公司开发的 LocahzerS 室内定位系统，定位范围为 30～60 m，定位精度为 1 cm；由 MultisPeetralsolutions 公司开发的 Sapphire 超宽带室内定位系统，定位时间分辨率为 1 ns，定位精度是 0.3 m，经数据平滑后可达 0.1 m；由美国 Unbise 公司开发的 Unbise 室内定位系统，定位精度是 15 cm[225]。中国唐恩科技[226]开发的国内第一套民用 UWB 定位系统 iLocateTM 无缝定位系统，定位精度是 15 cm。

纵观现有的超宽带定位系统，不难发现，大都采用单一的基于到达时间的定位方法，少数采用基于到达时间和基于角度的混合定位方法。利用基于到达时间方法的超宽带定位之所以能够达到这么高的精度，这跟超宽带信号的大带宽有很大关系[227]。若 TOA 定位精度用其定位误差的方差 σ_t^2 来表示，文献[228]指出其定位精度与信号带宽和接收机的信噪比有关。根据最大似然估计，在白高斯噪声情况下，通过 CRLB 下界给出 σ_t^2 下界，即为：

$$\sigma_t^2 = \frac{N_0}{2\int_{-\infty}^{+\infty}(2\pi f)^2 \mid P(f)\mid^2 \mathrm{d}f} \tag{6.11}$$

假设脉冲的能量谱是常数双边谱，即：

$$|P(f)|^2 = \begin{cases} G_0, f \in [-f_H, -f_L] \cup [f_L, f_H] \\ 0, \text{其他} \end{cases} \tag{6.12}$$

则代入式(6.11)，得：

$$\begin{aligned} \sigma_t^2 &= \frac{N_0}{8\pi^2 \displaystyle\int_{-\infty}^{+\infty} f^2 |P(f)|^2 \mathrm{d}f} \\ &= \frac{N_0}{\dfrac{8}{3}\pi^2 2G_0(f_H^3 - f_L^3)} \\ &= \frac{N_0}{\dfrac{8}{3}\pi^2 2G_0 B(f_H^2 + f_H f_L + f_L^2)} \end{aligned} \tag{6.13}$$

从上式可以看出，TOA 定位的精度与定位信号的带宽 B 有关系。而超宽带信号，尤其是脉冲超宽带信号，带宽很大，这样定位精度很高。例如，假设定位信号带宽 $B = 7.5$ GHz，$f_H = 10.6$ GHz，$f_L = 3.1$ GHz，$2G_0 = 9.86 \times 10^{-24}$ J/Hz，$N_0 = 2 \times 10^{-20}$ W/Hz，则根据式 (6.13)，得 $\sigma_t^2 = 6.63 \times 10^{-29}$。故 TOA 定位平均距离误差下限为 $c\sigma_t = 2.44 \times 10^{-6}$ m。当然，这个结果只是理论值，实际应用中因为环境等因素，误差不会这么小，但这说明了超宽带信号在基于测距定位方面应用的优势。在下一节中，根据不同定位模型的特点，详细介绍超宽带定位的特点以及优势。

6.2 无线定位算法简介

6.2.1 典型无线定位模型

根据 6.1.2 节的分析，基于测距的无线定位方法主要有五种，下面针对这五种方法，从几何的角度建立各方法的数学模型。

6.2.1.1 RSS 定位模型

根据第 3 章的论述，无线信号在传播过程会受到路径损耗、阴影衰落以及多径衰落的影响。根据式(3.9)，在距离发射机 d 处的接收信号功率为：

$$P(d)_{dB} = P(d_0)_{dB} - 10n\log_{10}\left(\frac{d_0}{d}\right) + X_\sigma \tag{6.14}$$

式中，n 为路径损耗指数；X_σ 表征阴影衰落的大小；d_0 为参考距离；$P(d_0)$、$P(d)$ 分别为参考距离 d_0 和距离 d 处的接收信号功率。对于阴影衰落 X_σ，通常用一个对数正态随机变量表示，其对数域均值为零，标准偏差为 σ。通常利用长时间的平均接收信号功率来消除多径和阴影衰落对接收功率的影响，即：

$$\bar{P}(d)_{dB} = P_{0dB} - 10n\log_{10}\left(\frac{d_0}{d}\right) \tag{6.15}$$

则第 i 个参考点接收定位信号功率满足：

$$P(d)_{dB} \sim N(\bar{P}(d), \sigma^2) \tag{6.16}$$

上述模型可以在视距(LOS)环境中使用，也可以在(NLOS)环境中使用。

对于超宽带信号,根据第 3 章的分析可知,其路径损耗不仅与距离有关,也与信号的频率有关,且距离和频率对路径损耗的影响相互独立,则接收信号功率模型为:

$$P(d)_{dB} = P_{0dB} - 10n\log_{10}\left(\frac{d}{d_0}\right) - P(f)_{dB} \tag{6.17}$$

式中,$P(f)_{dB}$ 为频率引起的功率损耗,根据第 3 章的分析,该数值可利用式(3.12)、式(3.13)来计算。

在 RSS 定位模型中,假设第 i 个参考点的坐标为 (x_i, y_i),目标点坐标为 (x, y),利用式(6.17),根据参考点接收信号的功率和目标发射信号的功率可以推算出目标与第 i 个参考点的距离 d_i,从而建立 RSS 定位模型为:

$$\begin{cases} \sqrt{(x_1 - x)^2 + (y_1 - y)^2} = d_1 \\ \sqrt{(x_2 - x)^2 + (y_2 - y)^2} = d_2 \\ \qquad\cdots\cdots \\ \sqrt{(x_m - x)^2 + (y_m - y)^2} = d_m \end{cases} \tag{6.18}$$

根据 m 个参考点的测距结果建立上述方程组,并求解方程组得到目标的位置 (x, y)。

根据式(6.17)可以得到 RSS 估算距离的对数似然函数:

$$\ln p(P \mid d) = -\ln(2\pi\sigma^2) - \frac{1}{2\pi\sigma^2}\left[P - 10n\log_{10}\left(\frac{d}{d_0}\right) - P(f)_{dB}\right] \tag{6.19}$$

根据文献[229],可以得到 RSS 无偏估计 $\hat{d}$ 的 CRLB 下界:

$$\hat{d} \geqslant \left(\frac{\ln 10\sigma}{10n} \cdot d\right)^2 \tag{6.20}$$

式中,n 为路径损耗因子;d 为参考点与目标之间的距离;σ 为对数阴影衰落的零均值高斯变量的方差。

对于超宽带信号,式(6.20)仍然成立,n 和 σ 这些参数在第 3 章的分析中,通过超宽带信号模型给出。从式(6.20)可以看出,RSS 的 CRLB 下界与信号的带宽没有直接关系,因而利用 RSS 方法实现超宽带定位,没有充分发挥超宽带信号的优势,但实际应用中,当参考点和目标较为接近时,可以利用这种方法来测距,因而在 UWB 无线传感器网络中这种方法应用较为广泛。在其他应用场合,可以通过与其他定位方法的结合,来提高整体的定位精度。

6.2.1.2 TOA 定位模型

在 TOA 定位模型中,假设第 i 个参考点的坐标为 (x_i, y_i),目标点坐标为 (x, y),通过测量定位信号在目标点与参考点之间的传播时间 τ_i,同样可以得到式(6.18)的方程组,这里 $d_i = c\tau_i$。

TOA 测量的时延参数一般通过匹配滤波器或相关操作获得,根据第 3 章的分析,在高斯噪声环境下,多径衰落模型可表示为:

$$r(t) = \sum_{l=1}^{L} \alpha_l s(t - \tau_l) + n(t) \tag{6.21}$$

式中,L 表示多径的数量;α_l 表示第 l 条多径的幅度衰减系数;τ_l 表示第 l 条多径的时延;$s(t)$ 表示发射的定位信号;$n(t)$ 表示零均值高斯噪声,双边功率谱密度为 $N_0/2$。

在 TOA 定位方法中,误差的主要来源是多径效应和非视距传播,因而实际测得的目标到参考点的距离 d_i 一般要比真实距离大,如图 6.7 所示。为了降低系统误差,一般来说二

维定位所需参考点的个数至少为 3 个。文献[230]给出了在没有多径分量的环境下,TOA 方法的 CRLB 下界:

$$\sqrt{\mathrm{Var}(\tilde{d})} \geqslant \frac{c}{2\sqrt{2}\,\sqrt{SNR}\beta} \tag{6.22}$$

式中,$\tilde{d}$ 为 TOA 方法的估算时延;SNR 为系统的信噪比;β 为定位信号的有效带宽,可表示为:

$$\beta = \left[\int_{-\infty}^{+\infty} f^2 \,|S(f)|^2 \mathrm{d}f \Big/ \int_{-\infty}^{+\infty} |S(f)|^2 \mathrm{d}f\right]^{1/2} \tag{6.23}$$

其中,$\int_{-\infty}^{+\infty} |S(f)|^2 \mathrm{d}f$ 为定位发射信号 $s(t)$ 的能量,且有 $SNR = \alpha^2 \int_{-\infty}^{+\infty} |S(f)|^2 \mathrm{d}f / N_0$。

从上式可以看出,TOA 的误差与定位信号的有效带宽以及系统的信噪比有关,则对于超宽带信号而言,大带宽特性使得在应用 TOA 方法实现定位时精度很高。图 6.11 给出了超宽带定位信号有效带宽 β 变化时,TOA 的理论误差下界随系统信噪比变化曲线。

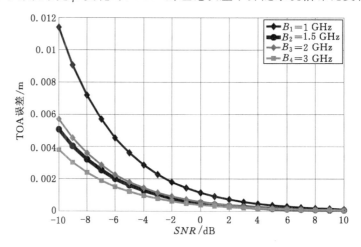

图 6.11　不同有效带宽下 TOA 定位误差随 SNR 变化曲线

但实际环境充满着多径效应,CRLB 的推导相对复杂。假设定位信号为 UWB 信号,则:

$$s(t) = \sqrt{E} \sum_{k=-\infty}^{+\infty} a[k] p_s(t - kT_s - b[k]\delta) \tag{6.24}$$

式中,$p_s(t)$ 为每个符号的波形,且有 $p_s(t) = \sum_{i=0}^{N_s} p(t - iT_f - c[i]T_c)$;$N_s$ 为每个符号中脉冲的个数;T_f 为帧周期;T_c 为码片周期;$c[i]$ 为跳时码;E 为每个符号的能量;T_s 表示一个符号的周期;δ 为码片长为 T_p 的调制指数,则根据式(6.21),设 $\boldsymbol{\theta} = [\alpha_1, \alpha_2, \cdots, \alpha_L, \tau_1, \tau_2, \cdots, \tau_L]^T$,构造 TOA 的对数似然函数:

$$\ln[\Delta(\theta)] = -\frac{1}{N_0} \int_0^{T_0} \Big|r(t) - \sum_{j=1}^{L} \alpha_j s(t - \tau_j)\Big|^2 \mathrm{d}t \tag{6.25}$$

式中,$T_0 = KT_s$,表示 K 个符号的周期。

文献[231]给出了存在多径效应时的 TOA 误差 CRLB 下界:

$$CRLB \geqslant \frac{N_0}{KN_sE\alpha_j^2 \left[\left(\int_0^{T_p} p'(t)\mathrm{d}t - \int_0^{T_p} p(t)p'(t)\mathrm{d}t \right) / \int_0^{T_p} p^2(t)\mathrm{d}t \right]} \tag{6.26}$$

其中，$p'(t) = \partial p(t)/\partial t$。

6.2.1.3 TDOA 定位模型

根据图 6.8，TDOA 的几何模型为双曲线模型，假设第 i 个参考点的坐标为 (x_i, y_i)，目标点坐标为 (x, y)，测量 TDOA 时间为 τ_{ij}，即目标到达两个参考点的时间差为 τ_{ij}，则建立 TDOA 定位模型为：

$$\begin{cases} \sqrt{(x_2-x)^2+(y_2-y)^2} - \sqrt{(x_1-x)^2+(y_1-y)^2} = d_{21} = c\tau_{12} \\ \sqrt{(x_3-x)^2+(y_3-y)^2} - \sqrt{(x_1-x)^2+(y_1-y)^2} = d_{31} = c\tau_{31} \\ \qquad\qquad\cdots\cdots \\ \sqrt{(x_m-x)^2+(y_m-y)^2} - \sqrt{(x_1-x)^2+(y_1-y)^2} = d_{m1} = c\tau_{m1} \end{cases} \tag{6.27}$$

其中，$d_{i,1} = d_i - d_1 = \sqrt{(x_i-x)^2+(y_i-y)^2} - \sqrt{(x_1-x)^2+(y_1-y)^2}$，代入上式，可以得到：

$$d_{i,1}^2 + 2d_{i,1}d_1 = K_i - 2x_{i,1}x - 2y_{i,1}y - K_1 \tag{6.28}$$

其中，$K_i = x_i^2 + y_i^2$，代入得：

$$x_{i,1}x + y_{i,1}y + d_{i,1}d_1 = \frac{1}{2}(K_i - K_1 - d_{i,1}^2) \tag{6.29}$$

这里将 (x, y, d_1) 视作未知数，则上式转化为线性方程组，求解方程组即可得到目标点位置。

在目标的二维定位中，通常参考点的数目至少为 4 个。实际应用中，TDOA 的测量值可表示为：

$$\begin{aligned} \widetilde{d_{i,1}} &= d_{i,1} + n_i - n_1 \\ &= \sqrt{(x_i-x)^2+(y_i-y)^2} - \sqrt{(x_1-x)^2+(y_1-y)^2} + n_i - n_1 \end{aligned} \tag{6.30}$$

其中，n_i 为测量第 i 个参考点接收机引入的误差，服从零均值高斯分布，方差为 σ_r^2，$\widetilde{d_{i,1}}$ 为测量的 TDOA 值，$d_{i,1}$ 为真实的 TDOA 值。则 $\widetilde{d_{i,1}}$ 的概率密度函数为[232]：

$$f(\boldsymbol{D}\,|\,\boldsymbol{\theta}) = \frac{1}{(2\pi)^{(N-1)/2}\,|\boldsymbol{Q}|^{1/2}} \exp\left\{ -\frac{1}{2}(\boldsymbol{D}-\boldsymbol{d})^{\mathrm{T}}\boldsymbol{Q}^{-1}(\boldsymbol{D}-\boldsymbol{d}) \right\} \tag{6.31}$$

式中，$\boldsymbol{D} = [\widetilde{d_{2,1}}, \cdots, \widetilde{d_{N,1}}]^{\mathrm{T}}$ 为实际测量的距离值矢量；$\boldsymbol{d} = [d_{2,1}, \cdots, d_{N,1}]^{\mathrm{T}}$ 为真实的距离值矢量；$\boldsymbol{Q}$ 为 TDOA 测量值的协方差矩阵，且有 $\boldsymbol{Q} = \sigma_r^2 \begin{bmatrix} 2 & \cdots & 1 \\ \vdots & & \vdots \\ 1 & \cdots & 2 \end{bmatrix}_{(N-1)\times(N-1)}$。设未知矢量为 $\boldsymbol{\theta} = [x \quad y]^{\mathrm{T}}$，则根据 CRLB 定义，设信息矩阵为 $\boldsymbol{J}_{\theta}$，则 CRLB 为 $\boldsymbol{J}_{\theta}$ 的逆，即：

$$E(\Delta\boldsymbol{\theta}\Delta\boldsymbol{\theta}^{\mathrm{T}}) \geqslant \boldsymbol{J}_{\theta}^{-1} \tag{6.32}$$

其中，$\Delta\boldsymbol{\theta}$ 为 $\boldsymbol{\theta}$ 的测量误差分量，故信息矩阵为：

$$\boldsymbol{J}_{\theta} = \begin{bmatrix} J_{xx} & J_{xy} \\ J_{yx} & J_{yy} \end{bmatrix} = E\left[\frac{\partial}{\partial\boldsymbol{\theta}}\ln f(\boldsymbol{d}\,|\,\boldsymbol{\theta}) \left(\frac{\partial}{\partial\boldsymbol{\theta}}\ln f(\boldsymbol{d}\,|\,\boldsymbol{\theta}) \right)^{\mathrm{T}} \right] \tag{6.33}$$

将式(6.31)代入上式，根据链式法则，得：

$$\boldsymbol{J}_\theta = \begin{bmatrix} J_{xx} & J_{xy} \\ J_{yx} & J_{yy} \end{bmatrix} = \boldsymbol{H}_D \boldsymbol{Q}^{-1} \boldsymbol{H}_D^{\mathrm{T}} = \boldsymbol{H}_D \frac{1}{\sigma_r^2} \left(\boldsymbol{I} - \frac{\boldsymbol{1}\boldsymbol{1}^{\mathrm{T}}}{N} \right) \boldsymbol{H}_D^{\mathrm{T}}$$

$$= \frac{\boldsymbol{H}_D \boldsymbol{H}_D^{\mathrm{T}} - \dfrac{1}{N} \boldsymbol{H}_D \boldsymbol{1} \, (\boldsymbol{H}_D \boldsymbol{1})^{\mathrm{T}}}{\sigma_r^2} \tag{6.34}$$

其中，$\boldsymbol{H}_D = \begin{bmatrix} w_{2x} & \cdots & w_{Nx} \\ w_{2y} & \cdots & w_{Ny} \end{bmatrix} = \begin{bmatrix} \dfrac{\partial d_2}{\partial x} - \dfrac{\partial d_1}{\partial x} & \cdots & \dfrac{\partial d_N}{\partial x} - \dfrac{\partial d_1}{\partial x} \\ \dfrac{\partial d_2}{\partial y} - \dfrac{\partial d_1}{\partial y} & \cdots & \dfrac{\partial d_N}{\partial y} - \dfrac{\partial d_1}{\partial y} \end{bmatrix}$，$\boldsymbol{1}$ 为 $(N-1) \times 1$ 维元素

为 1 的矢量。故将它们代入式(6.34)，得到 TDOA 的 CRLB 下界为：

$$\sigma_{\mathrm{CRLB}}^2 = \min \mathrm{tr}\{\mathrm{cov}(\boldsymbol{\theta})\} = \mathrm{tr}\{\boldsymbol{\theta}\} = \frac{J_{xx} + J_{yy}}{J_{xx}J_{yy} - J_{xy}^2} \tag{6.35}$$

其中，计算得到：

$$J_{xx} + J_{yy} = \frac{1}{\sigma_r^2} \left\{ 2(N-1) - 2\sum_{i=2}^{N} \cos \gamma_{i1} - \frac{1}{N} \left[\left(\sum_{i=2}^{N} w_{ix}\right)^2 + \left(\sum_{i=2}^{N} w_{iy}\right)^2 \right] \right\} \tag{6.36}$$

$$J_{xx}J_{yy} - J_{xy}^2 = \frac{1}{\sigma_r^4} \left\{ \left[\sum_{i=2}^{N}(w_{ix})^2 - \frac{1}{N}\left(\sum_{i=2}^{N} w_{ix}\right)^2 \right] \left[\sum_{i=2}^{N}(w_{iy})^2 - \frac{1}{N}\left(\sum_{i=2}^{N} w_{iy}\right)^2 \right] \right.$$

$$\left. - \left[\sum_{i=2}^{N} w_{ix}w_{iy} - \frac{1}{N}\sum_{i=2}^{N} w_{ix}\sum_{i=2}^{N} w_{iy} \right]^2 \right\} \tag{6.37}$$

且有：

$$\cos \gamma_{i1} = \frac{d_i^2 + d_1^2 - d_{i,1}^2}{2d_i d_1} = \frac{(x-x_i)(x-x_1) + (y-y_i)(y-y_1)}{d_i d_1} \tag{6.38}$$

6.2.1.4　AOA 定位模型

根据图 6.9 所示，假设从参考点 1 和参考点 2 测得目标的到达角度为 θ_1 和 θ_2，设目标位置为 (x, y)，则 AOA 定位的数学模型为：

$$\begin{cases} \dfrac{(x-x_1)}{(y-y_1)} = \tan \theta_1 \\ \quad \cdots\cdots \\ \dfrac{(x-x_m)}{(y-y_m)} = \tan \theta_m \end{cases} \tag{6.39}$$

AOA 定位方法对目标进行二维定位一般只需 2 个参考点，利用两条直线只有一个交点确定目标位置。但由于非视距传播、多径效应的影响，AOA 的定位精度较低。

假设采用均匀线性阵列天线作为参考点的接收天线，如图 6.12 所示，且假设信号到达阵列天线时为平面波，其中 l 表示天线阵列中天线的间距，θ 表示定位信号到达天线阵列的角度。假设到达第 i 个天线的接收信号中噪声均为零均值高斯白噪声，方差为 $N_0/2$，且不同天线的噪声相互独立，阵列共有 N 个天线。则根据文献[233]，θ 的 CRLB 下界可表示为：

$$\mathrm{var}\{\hat{\theta}\} \geqslant \frac{6c^2 N_0}{\alpha^2 E N(N^2-1)l^2 \cos \theta} \tag{6.40}$$

其中，E 为发射信号能量；α 为信道衰落参数；c 为光速。根据 Parseval 定理，得：

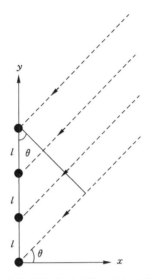

图 6.12 均匀线性阵列天线 AOA 定位原理图

$$\sqrt{\operatorname{var}\{\hat{\theta}\}} \geqslant \frac{\sqrt{3}\,c}{\sqrt{2}\,\pi\sqrt{SNR}\,\beta\sqrt{N(N^2-1)l}\cos\theta} \qquad (6.41)$$

其中，$SNR = \alpha^2 E/N_0$；β 为有效带宽。

从上式可以看出，AOA 的定位误差和定位信号的有效带宽与信噪比有关。图 6.13 和图 6.14 描述了超宽带信号应用 AOA 定位方法的误差下界曲线。其中，天线阵列中天线个数 $N=4$，定位信号到达接收天线阵列的角度 $\theta = 0$，天线间距为 5 cm。从图中可以看出，随着有效带宽的增加，AOA 的误差下界越小；随着到达角度 θ 的增大，AOA 的误差下界越大。

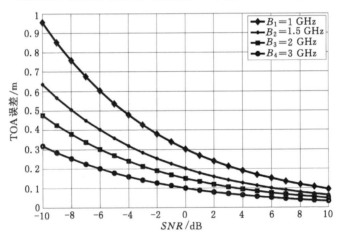

图 6.13 AOA 误差下界随信噪比变化曲线

6.2.1.5 混合定位方法定位模型

以 TOA/AOA 为例，说明混合定位方法的定位模型。图 6.15 给出了 TOA/AOA 的定位原理图，假设参考点测得目标到达时间为 τ_1，到达角度为 θ_1，假设目标位置为 (x,y)，参考点位置为 (x_1,y_1)。

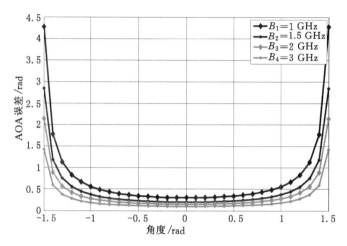

图 6.14　AOA 误差下界随角度变化曲线

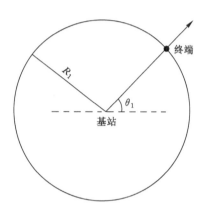

图 6.15　TOA/AOA 定位原理图

TOA/AOA 的数学模型为：

$$\begin{cases} \tan(\theta_1) = \dfrac{x - x_1}{y - y_1} \\ (x - x_1)^2 + (y - y_1)^2 = (c\tau_1)^2 \end{cases} \tag{6.42}$$

6.2.2　典型位置估计算法

从上述定位方法的数学模型可知，这些方法均把目标位置的求解问题转化为非线性方程组的求解问题。理想状态下，式(6.18)、式(6.27)、式(6.39)、式(6.42)只有一个满足条件的解，即为目标位置。但实际应用中，由于非视距传播、多径效应以及测量误差的影响，非线性方程组往往出现多解甚至无解的情况，这就无法实现目标的定位。为了使非线性方程组的解更好地逼近目标位置，需要利用位置估计算法。位置估计算法，又可分为具有解析解的算法和递归算法。第一种方法主要包括 Chan 算法、Fang 算法、Friedlander 算法、SX 算法（球面相交算法）、SI 算法（球面插值算法）等；第二种方法主要包括 Taylor 算法和 DAC 算法（分类征服算法）。下面针对这两类方法中典型的 Chan 算法和 Taylor 算法进行详细描述。

从上节的分析可知,定位函数可表示为:

$$f_i(x,y) = \begin{cases} d_i - \sqrt{(x-x_i)^2 + (y-y_i)^2}, TOA/RSS \\ \theta_i - \arctan[(y-y_i)/(x-x_i)], AOA \\ d_{i,1} - (\sqrt{(x-x_i)^2 + (y-y_i)^2} - \sqrt{(x-x_1)^2 + (y-y_1)^2}), TDOA \end{cases} \tag{6.43}$$

则构造定位的目标函数(假设共测量了 M 个参数):

$$\min_{f_i(x)>0} F(x) = \operatorname{argmin} \sum_{i=1}^{M} f_i^2(x) \tag{6.44}$$

上式是利用最小二乘法对目标位置的最优估计,若利用加权最小二乘法,则目标函数为:

$$\min_{f_i(x)>0} F(x) = \operatorname{argmin} \sum_{i=1}^{M} \alpha_i^2 f_i^2(x) \tag{6.45}$$

其中, α_i 为加权系数。目标位置的求解问题转化为求解 $F(x)$ 为最小值的非线性规划问题。根据式(6.43),可将方程组写成矩阵形式,即:

$$Y = AX \tag{6.46}$$

其中, Y 为已知的 $M \times 1$ 维矢量; X 为未知的 2×1 维矢量; A 为 $M \times 2$ 维矢量。若 AA^T 是非奇异矩阵,且 $M > 2$,并且没有关于目标位置的先验信息,则根据最小二乘法得: $X = (A^TA)^{-1}A^TY$。或根据加权最小二乘法,得 $X = (A^TVA)^{-1}A^TV^{-1}Y$, V^{-1} 为特征测量值误差的协方差矩阵的逆。

6.2.2.1 Chan 算法

Chan 算法是一种具有解析解的非递归算法。根据参与定位的参考点数目,可将算法分为两种情况。

(1) 参考点数目为 3

以 TDOA 方法为例,可以得到两个 TDOA 测量值,假设 d_1 已知,其对应的参考点坐标为 $(0,0)$,则目标位置为 (x,y),则根据式(6.28)解出:

$$\begin{bmatrix} x \\ y \end{bmatrix} = -\begin{bmatrix} X_{21} & Y_{21} \\ X_{31} & Y_{31} \end{bmatrix}^{-1} \times \left\{ \begin{bmatrix} d_{21} \\ d_{31} \end{bmatrix} d_1 + \frac{1}{2} \begin{bmatrix} d_{21}^2 - K_2 + K_1 \\ d_{31}^2 - K_3 + K_1 \end{bmatrix} \right\} \tag{6.47}$$

其中, $K_i = x_i^2 + y_i^2$; $X_{i,1} = x_i - x_1$; $Y_{i,1} = y_i - y_1$。 $d_1 = \sqrt{(x_1-x)^2 + (y_1-y)^2}$,则将上式代入,得到关于 d_1 的二次方程。求出正解后再代入式(6.47),则可得到目标位置。

(2) 参考点数目为 4 或者 4 个以上

此时 TDOA 测量值的数目比未知数的数目多,设有 M 个参考点,且设 V 可求, (d_1, x, y) 为相互独立的未知数。假设 $z = [z_p^T, d_1]^T$ 为未知量,且 $z_p = [x,y]^T$,根据式(6.28)得 TDOA 的误差为:

$$\psi = h - Gz \tag{6.48}$$

其中, $h = \frac{1}{2} \begin{bmatrix} d_{21}^2 - x_2^2 - y_2^2 + x_1^2 + y_1^2 \\ d_{31}^2 - x_3^2 - y_3^2 + x_1^2 + y_1^2 \\ \cdots\cdots \\ d_{M1}^2 - x_M^2 - y_M^2 + x_1^2 + y_1^2 \end{bmatrix}$, $G = -\begin{bmatrix} x_{21} & y_{21} & d_{21} \\ x_{31} & y_{31} & d_{31} \\ \vdots & \vdots & \vdots \\ x_{M1} & y_{M1} & d_{M1} \end{bmatrix}$ 。

这里假设 TDOA 的测量值为 $\tau_{i,1} = \hat{\tau}_{i,1} + n_{i,1}$, $n_{i,1}$ 为测量噪声,即:

$$\psi = cBn + 0.5c^2 n \odot n \tag{6.49}$$

其中，$B = \text{diag}\{d_2, d_3, \cdots, d_M\}$。在信噪比较高的条件下，根据广义互相关方法，TDOA 的测量值服从正态分布，噪声 n 也近似为正态分布，则误差的协方差矩阵可以计算。实际通常 $cn_{i,1} \ll d_{i,1}$，故式(6.48)中第二项可以忽略，误差矢量 ψ 为高斯随机变量，且其协方差矩阵为：

$$\psi = E\{\psi\psi^T\}^2 = c^2 BQB \tag{6.50}$$

其中，Q 为 TDOA 的协方差矩阵。则利用最大似然比估计得到：

$$z = \text{argmin}\{(h - Gz)^T \psi^{-1}(h - Gz)\} = (G^T \psi G)^{-1} G^T \psi^{-1} h \tag{6.51}$$

这里做进一步近似，假设目标与参考点距离很远，则目标与各参考点的距离近似相等，即 $B = dI$，故上式可变成：

$$z = (G^T Q^{-1} G)^{-1} G^T Q^{-1} h \tag{6.52}$$

当目标与参考点距离较近时，可利用上式求出初始解，再计算 B 矩阵，即第一步加权最小二乘(WLS)估计。

文献[191]给出了第一次 WLS 估计值的协方差矩阵：

$$\text{Cov}(z) = E[\Delta z \Delta z^T] = (G^T \psi^{-1} G)^{-1} \tag{6.53}$$

第一次 WLS 估计假设 (d_1, x, y) 相互独立，因此，在考虑三者的约束关系之后，得到第二次 WLS。由于第一次 WLS 估计值与真实值有偏差，故设：

$$z = [x^0 + e_1 \quad y^0 + e_2 \quad d^0 + e_3]^T \tag{6.54}$$

其中，e_i 为第一次 WLS 的估计误差，则根据 $d_1 = \sqrt{(x_1 - x)^2 + (y_1 - y)^2}$，得到：

$$\psi' = h' - G'z' \tag{6.55}$$

其中，$h' = \begin{bmatrix} (z_1 - x_1)^2 \\ (z_2 - y_1)^2 \\ z_3^2 \end{bmatrix}, G' = \begin{bmatrix} 1 & 0 \\ 0 & 1 \\ 1 & 1 \end{bmatrix}, z' = \begin{bmatrix} (x - x_1)^2 \\ (y - y_1)^2 \end{bmatrix}$。将式(6.54)代入上式得：

$$\psi' = E[\psi\psi^T] = 4B'(G^T \psi^{-1} G)^{-1} B' \tag{6.56}$$

其中，$B = \text{diag}\{x - x_1, y - y_1, d_1\}$，$z'$ 的协方差矩阵为：

$$\text{Cov}(z') = (G'^T \psi' G')^{-1} \tag{6.57}$$

则目标位置为：

$$z_p = \pm \sqrt{z'} + \begin{bmatrix} x_1 \\ y_1 \end{bmatrix} \tag{6.58}$$

Chan 算法的优点是：计算量较小；当噪声为正态分布时，该算法定位精度较高。但若存在非视距(NLOS)传播，该算法的定位精度会明显下降，且上述解的解析表达式可能存在模糊性，这就需要通过先验信息来解决。

6.2.2.2 Taylor 算法

这是一种递归算法，它需要一个目标位置的初始估计值。以 TDOA 为例，Taylor 算法通过求解误差的局部最小二乘解来完成目标估计位置的改进，从而开始下一次的递归[233]。将式(6.27)在初始值点进行 Taylor 展开，忽略二阶以上分量，得到：

$$\psi = h_t - G_t \delta \tag{6.59}$$

其中，$h = \begin{bmatrix} d_{21} - (d_2 - d_1) \\ d_{31} - (d_3 - d_1) \\ \cdots\cdots \\ d_{M1} - (d_M - d_1) \end{bmatrix}, \delta = \begin{bmatrix} \Delta x \\ \Delta y \end{bmatrix};$

$$G_t = \begin{bmatrix} [(x_1-x_0)/d_1]-[(x_2-x_0)/d_2] & [(y_1-y_0)/d_1]-[(y_2-y_0)/d_2] \\ [(x_1-x_0)/d_1]-[(x_3-x_0)/d_3] & [(y_1-y_0)/d_1]-[(y_3-y_0)/d_3] \\ \vdots & \vdots \\ [(x_1-x_0)/d_1]-[(x_M-x_0)/d_M] & [(y_1-y_0)/d_1]-[(y_M-y_0)/d_M] \end{bmatrix};$$

(x_0, y_0) 为初始目标位置估计值；d_i 为该位置与各参考点的距离，可由方程组(6.27)求得。

式(6.59)的加权二乘解为：

$$\boldsymbol{\delta} = \begin{bmatrix} \Delta x \\ \Delta y \end{bmatrix} = (G_t^{\mathrm{T}} Q^{-1} G_t)^{-1} G_t^{\mathrm{T}} Q^{-1} h_t \tag{6.60}$$

其中，Q 为 TDOA 估计值的协方差矩阵。则下一次递归计算中，$x'_0 = x_0 + \Delta x$，$y'_0 = y_0 + \Delta y$。重复上述过程，直至 $(\Delta x, \Delta y)$ 很小，且有 $|\Delta x| + |\Delta y| < \varepsilon$ 为止，则 (x'_0, y'_0) 则为目标的位置。

Taylor 算法的准确性依靠选择接近真实目标位置的坐标作为初始值 (x_0, y_0)，这样才能保证算法的收敛性，这个要求在实际中很难实现。这里如果要求高定位精度，则 Taylor 展开式需要多阶导数，多次递归运算，这样运算量相对 Chan 运算要大，收敛性也会下降。

6.3 煤矿井下定位原理及常用方法

我国煤矿事故多发，矿井人员定位系统(又称煤矿井下作业人员管理系统等)是矿井安全生产的重要保障和应急救援的必要手段，对提高生产效率、保障井下人员安全、灾后及时施救与自救都具有十分重要的意义。煤矿井下是一个特殊的受限环境，它是由各种纵横交错、形状不同、长短不一的巷道组成，其长度可达几十到上百千米[4]，且在工作面处巷道的长度是变化的。而且矿井巷道空间狭小，无线信号在巷道内传输存在着大量的反射、散射、衍射以及透射等现象，设备功率需满足井下防爆的要求。同时由于巷道相对密闭，不能借助 GPS 等地面已有的卫星定位来辅助井下定位。由此可见，地面成熟的定位方法无法直接应用于井下。因此，要建立一套适合煤矿井下无线传输环境的目标定位体系。

地下空间定位原理与室内定位相似，它利用位置固定的无线电发射基站替代卫星，在地下封闭空间中进行局部测量，建立局域坐标体系；地下定位目标通过与基站的无线电信号进行交互以实现定位。煤矿井下定位技术主要采用 RFID、WiFi、ZigBee 以及红外、超声波、蓝牙等技术。目前，煤矿井下定位系统最高的定位精度只能达到 $2\sim10$ m，且为非连续定位，这主要由无线发射基站数量与分布密度决定。

针对煤矿井下人员的定位技术，国外学者研究得较少。M.Moutairou[36-37] 提出基于 Mesh 无线传感器网络的无线定位技术和系统。J.C.Ralston[62] 研究了以 Zigbee 为基础的井下无线传感器网络的定位。我国在这一领域的研究开发工作开始较晚，但发展很快，目前处于第三个发展阶段，即开发新型的有源井下人员定位系统。国内各科研单位和厂家相继研发了 KT18、KT30、KJ88、KJ90、KJ95、KJ101、KT105、KJF2000、KJ4/KJ2000 和 KJG2000 等无线监控与定位系统、WEBGIS、MSNM 等煤矿安全综合数字化网络监测管理系统。这些系统多数利用射频识别 RFID 或"小灵通"无线市话 PHS 技术实现无线监测、有线传输，形成一种两级集散式的监控系统，对井下人员实施监控和跟踪定位。纵观这些系统，会发现它们仅仅是一种考勤记录系统，而没有做到真正意义上的人员跟踪与定位，更不可能实现人员或设备的精确跟踪和定位。当然，基于 Zigbee、WiFi 等技术的定位系统能够实现精确定位,目前国内已经引进相关产品,但还很不成熟。

超宽带相对超声波、红外、RFID 等,具有良好的穿透性能,且通过发射极窄脉冲或者极宽频谱来传输信息。根据 6.2 节的分析,通过超宽带信号,利用 TOA/TDOA/AOA 方法实现定位,其精度相对传统的无线定位技术要高得多,且超宽带信号,尤其是脉冲超宽带信号不需要正弦载波,系统设备简单,功耗低,适合煤矿井下这一特殊的相对密闭空间使用。但同时,煤矿井下巷道的特殊环境,决定了地面现有的超宽带技术不能直接应用于井下,这就需要研究一种新的更加适合巷道环境的定位方法,结合超宽带的定位优势,根据巷道实际环境和定位需求合理布局,实现高精度的目标定位。

6.4　煤矿井下超宽带定位方法及系统组成

目前现有的煤矿井下定位系统多采用 RFID 技术,这些系统均存在着以下问题:

(1) RFID 定位终端——标识卡,其有效的工作时长短:在 RFID 定位技术中,定位终端通过标识卡与定位基站建立联系。而目前的井下 RFID 定位系统中,标识卡尤其是无源标识卡,其有效的工作时长太短。尽管许多定位系统将无源标识卡替换成有源标识卡,解决了标识卡的供电问题,但其工作时间还是不能令人满意。此外,井下定位系统还出现了灯卡合一的标识卡,但这样一定程度上破坏了矿灯的防爆性能。因此,开发低功耗、高效率的定位技术是当前井下定位系统中需要解决的一个问题。

(2) 目标高速移动时,定位的漏检率较高。

(3) 定位精度低:由于井下无线信道的复杂性,使得目前煤矿井下的定位系统均不能实现精确定位,多数仅仅是考勤记录系统。

(4) 标识卡和读卡器价格昂贵。

(5) 系统多为单向的信息传输,且传输速率较低:现有很多人员定位系统只能将信息由标识卡传输到主站,但主站无法向井下发送信息,这严重制约了系统对井下安全的保障作用。且人员定位系统较低的信息传输数据影响了系统的实时性。

(6) 系统功能单一:传统的人员定位系统主要功能是人员位置跟踪、考勤等,功能单一,缺乏与安全监控系统、生产调度系统、地测等系统的信息交互,造成系统间信息不能共享,系统几乎没有决策职能。

超宽带技术不需要产生正弦载波,结构简单、实现成本低;超宽带定位技术通过持续时间极短的单周期脉冲或极宽的带宽来实现定位,且其占空比极低,信号传播过程中产生的多径信号在时间上是可分离的,这样定位系统的抗干扰能力强。根据 6.1.4 节分析可知,利用超宽带信号进行 TOA 定位可达到很高的精度;根据 1.2.2 节的分析,超宽带信号可以实现高速的数据传输,因而利用超宽带信号进行定位,不仅可以实现双向实时定位,而且便于将定位系统与其他监测系统合并,实现功能多样化。超宽带系统的载体——窄脉冲,其持续时间一般在 0.20～2 ns,且占空比极低,在高速通信时系统的耗电量仅为几百微瓦至几十毫瓦,功耗低,这就解决了 RFID 定位时终端工作时间短的问题;且在井下这一特殊的封闭环境中,频率的使用不受限制。因此,基于超宽带的定位技术也应该非常适合在煤矿井下使用。

现有的超宽带定位系统,大都采用单一的基于到达时间的定位方法,或者基于到达时间和基于角度的混合定位方法。但巷道内存在大量的水汽、粉尘等,发射天线发出的每一个脉冲都会发生反射、散射、绕射等现象,沿着不同的路径到达接收端,这就给定位时间参数的测算带来很大的困难。不仅如此,由于巷道的几何形状的约束和定位成本的限制,定位参考节点不能在一个平面空间内随机、密集地部署,只能沿巷道方向部署,而单一的基于时间的定位方法的精确度要求至少三个以上的参考点才能保证。现有地面室内超宽带定位系统一旦参考点布置完毕后,系统的定位参考坐标就确定了,参考点很小的位置偏差都会使系统崩溃,这样的要求在煤矿井下工作环境中实在是太苛刻了。此外,AOA 定位法需要阵列天线,到达接收天线阵列单元的电波必须有直射分量(LOS)存在,天线位置安装非常精密,系统设备比较昂贵、复杂,设备体积比较庞大,不适合狭窄的多径衰落严重的矿井巷道使用。所以,地面现有的超宽带定位系统不能直接应用于矿井巷道。

为了提高矿井定位系统精度,特别是为了解决煤矿井下定位系统覆盖范围小、抗干扰能力弱、传输速率慢、定位精度低、井下巷道中参与定位的参考点的数量及布置密度有限制、煤矿井下定位设备体积不能很大以及无线信号在巷道中传输有严重的多径效应等问题,我们需要对现有的超宽带定位方式进行改进,使其适用于煤矿井下巷道环境。为此,本节提出了一种煤矿井下超宽带定位方法,该方法根据巷道实际环境布设参考点,并利用粗细两步定位方法实现目标的精确定位。另外,针对这种定位方法本节还给出了相应的系统组成,并对方法的精确度给出了分析并仿真。

6.4.1 煤矿井下超宽带定位方法

6.4.1.1 方法描述

煤矿井下超宽带定位方法可以实现一种精确实时的煤矿井下目标定位。该方法不仅充分利用超宽带技术的系统设备结构简单、功耗低、抗干扰能力强、传输速率高、定位精度高等特点,而且结合了煤矿井下巷道的实际工作环境,布设数量有限的参考点,并最终完成实时准确的目标定位,能够达到煤矿生产调度以及灾后及时救援的要求。

煤矿井下超宽带定位方法首先从巷道的结构入手。巷道是一个狭长的相对密闭的环境,其几何结构单一,纵向长度远远大于横向长度。因此,在本方法中,我们沿巷道纵向布设参考点,以参考点为中心划分一个个连续的带状定位小区,并保证这些小区重叠着串起来可以覆盖整个巷道。煤矿井下定位系统厂家青睐 WiFi 的原因是其结构简单,目标位置的确定只依赖于一个参考点,虽然定位的精度粗一点,但简单可靠。这里我们吸取了这个优点,首先对目标进行粗定位,粗定位后就确定了目标所在大致的区域范围。由于小区是交叠的,该区域往往是多个定位小区的交叠部分。最后在该区域中对目标进行细定位,由选取的这几个小区的中心参考点建立约束方程求解目标的精确位置。由于这里的细定位参加的参考点少,简化了求解过程,同时粗定位过程一定程度上避免了多径效应带来的误差。这种混合定位方法的优势是带状结构符合巷道狭长的特点,分粗细两步进行,粗定位时采用信号强度定位,细定位采用精确度高的基于到达时间和基于接收信号强度的超宽带混合定位方法,弱化了定位精度对参考点数量和布置密度的依赖,提高了整个定位的精度。

图 6.16 给出了该定位方法中的第一步粗定位的原理图。如图所示,煤矿井下超宽带定位方法首先沿巷道纵向布设参考点,图中黑点即为参考点布置位置。参考点的布置方法有以下三个要求:① 要求参考点之间的距离小于每个参考点所在小区的半径,这样才能保证巷道被这些带状小区无缝覆盖。② 带状小区的划分以矿井巷道超宽带信道模型为基础,以参考点为中心,首先设定参考点接收信号的最小功率值,然后以目标发射相同功率的超宽带

信号时,参考点接收功率为最小功率的位置的点的集合为边界,划分各带状小区。为了简单起见,可以在各次划分中目标的发射功率设为同一数值,且各参考点的最小接收功率值设为同一数值,这样划分的各参考点的带状小区大小、形状基本一致。③ 参考点沿巷道一边布设。

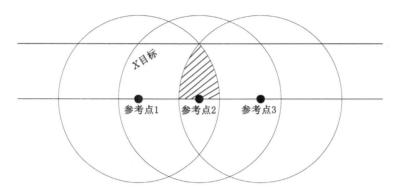

图 6.16　煤矿井下超宽带定位方法粗定位原理图

在对目标进行定位之前,该定位方法需要进行一系列的准备工作,具体步骤过程如下:

(1) 在巷道一侧间隔相同距离布设参考点。

(2) 以各参考点为中心,设定参考点接收信号功率的最小值,以及目标发射超宽带信号的功率。

(3) 目标在中心参考点附近以指定功率发射超宽带信号,并在中心参考点周围移动。

(4) 中心参考点记录目标在不同位置的接收信号功率,并记录最小接收信号功率时目标的位置,以此位置点的集合为边界,以参考点为中心划分各参考点的连续交叠的带状定位服务小区。

(5) 根据各参考点的定位小区大小,计算每个小区内目标与中心参考点的最大距离和最小距离。

(6) 根据小区内目标与中心参考点距离的取值区间计算各定位小区内参考点接收信号功率测量值区间,并将所述区间作为各参考点的标称区间。

在完成上述准备工作之后,定位系统开始实施定位。首先对目标进行粗定位,具体实施步骤如下:

(1) 目标首先向周围发射定位指令信号,各参考点接收到该信号之后,即向目标发射定位的超宽带信号,该信号中包括各参考点的标识码以及其标称区间,且该定位信号的发射功率为定位小区划分时指定的目标发射信号功率。

(2) 目标接收各参考点发射的定位信号后,记录各定位信号的接收信号功率。

(3) 目标提取各定位信号中参考点的标识码和标称区间信息。

(4) 目标将记录的各接收信号功率与标称区间信息比较,根据对称原理,若目标处于某个参考点的定位带状小区内,则接收信号功率应该在这个参考点的标称区间内,否则,目标接收定位信号的功率不在标称区间内。

(5) 根据标称区间对 RSS 数据的滤波结果,将目标位置锁定在几个参考点的带状定位小区内,从而实现目标的粗定位。

(6) 若选择的几个参考点的定位服务小区不是连续存在的,则重复上述步骤。

在上述粗定位过程中,如果到达目标的定位信号为多径信号,而不是直射信号,即该信号在巷道中的传播距离一般远远大于直射信号路径,则根据路径衰落规律,目标接收该定位信号的功率值应该不在该参考点的标称区间内;同时,如果距离目标较远的参考点发射的定位信号被目标接收到,此时由于目标不在该参考点的定位服务小区内,则目标接收信号功率值应该也不在相应的标称区间内。此外,如果根据滤波结果选择的几个参考点的定位服务小区不是连续的,则可以判断滤波过程存在误差,此时通过重复粗定位过程,最终消除系统误差的影响。换句话说,粗定位过程实际上是利用各参考点的标称区间对目标的各定位信号的 RSS 数据进行滤波,大大降低了多径效应和非视距传播给系统定位结果带来的误差。

根据粗定位结果,目标被锁定在几个参考点的定位小区内,下一步对目标进行细定位,具体步骤如下:

(1) 根据粗定位的结果,确定并记录参与细定位的参考点的标识码。

(2) 目标向所选参考点发送定位令牌信息,并利用多程测距的方法测量 TOA 的时间参数。

(3) 目标利用累计平均的方法记录各参考点发射的定位信号的接收信号功率值,即 RSS 数据。

(4) 目标根据各参考点的 TOA 数据和 RSS 数据计算各参考点的 TOA 距离和 RSS 距离。

(5) 利用加权计算的方法对各参考点对应的 TOA 距离和 RSS 距离进行处理,将处理结果作为目标与各参考点的最终距离。

(6) 根据各参考点的位置以及目标与所选参考点的距离,建立定位模型方程组,求解目标位置。

这里使用的超宽带信号均为脉冲体制的超宽带信号。由第 2 章分析可知,超宽带脉冲持续时间极短,一般在几纳秒甚至几十纳秒;而巷道内空间有限,目标与参考点的距离在米这个数量级上。这样在测量 TOA 数据时,如果采用传统的单程测距的方法,即目标发射超宽带信号,并记录发射时间,参考点记录定位信号到达的时间,根据时间差获得 TOA 数据。利用这种方法,由于目标与参考点的距离较小,定位信号到达参考点的时间与发射时间相差很小,这样计算得到的 TOA 距离有很大的误差。例如,目标与参考点之间距离为 3 m,则 TOA 数据为 $\dfrac{3\ \mathrm{m}}{3\times 10^8\ \mathrm{m/s}}=10^{-8}$ s,这一数据与超宽带脉冲的持续周期相当,因此这时如果测量到达时间和发射时间稍有误差,甚至是在计算 TOA 数据时的微小计算误差,假设测量误差为 3 ns,则反映到距离上,即得到目标与参考点的距离误差为 0.9 m,这相对真实的 3 m 距离,误差很大。因此,在本方法中采用多次测距的方法来计算 TOA 参数,极大地改善了这种超宽带定位信号带来的测距误差。

上述步骤中多程测距的方法,如图 6.17 所示,其具体步骤为:

(1) 目标向粗定位选择的参考点发送定位令牌信息,并记录此刻的发送时间 t_0。

(2) 当所选参考点收到该定位令牌信息后,延迟时间 τ_1,再将所述信息加上该参考点的标识码以及延迟时间回复给目标。

(3) 目标收到上述回复信息后,提取信息中参考点的标识码,记录信息中的延迟时间,并将粗定位选择的参考点的回复信息再次发送给相应参考点。

(4) 如此重复步骤(2)(3)N 次,目标记录下最后一次收到所选参考点回复信息的时间 t_1。

（5）根据目标记录数据 t_0、t_1 和 τ_1，得到对应各参考点的 TOA 数据：$\tau = \dfrac{t_1 - t_0 - N\tau_1}{2N}$。

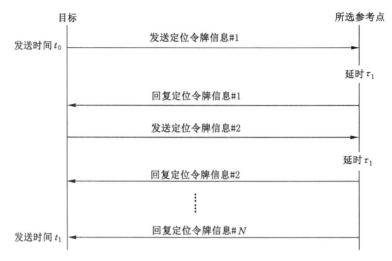

图 6.17　多程测距示意图

在细定位步骤中，RSS 数据通过累计平均的方法获得，这在一定程度上降低了测量误差。在上述多程 TOA 测距过程中，当目标接收到所选参考点回复的定位信息后，同时还要记录下这次接收定位信息的功率 $P_i(i = 0, 1, \cdots, N)$，则经过上述 N 次往返累积过程，每个所选参考点均得到一组接收信号功率序列 $\{P_1, P_2, \cdots, P_N\}$。最终对每个参考点的接收信号功率序列进行平均，即得到每个参考点的 RSS 数据 $P = \dfrac{P_0 + P_1 + \cdots + P_N}{N}$。

根据得到的所选各参考点的 TOA 数据和 RSS 数据，以及 6.2 节中 TOA 和 RSS 定位模型，分别计算各参考点相应的两组距离估计值 $d_{TOA} = c * \tau$（其中 c 为超宽带信号在巷道中传输速度）和 $d_{RSS} = \sqrt{k/P}$（k 为信道参数）。

最后利用数据融合的方法对两组距离进行加权处理，并根据最终的处理结果建立目标位置方程组，求出目标的精确位置。即分别估算 TOA 和 RSS 定位方法的误差概率分布 f_{RSS} 和 f_{TOA}，利用 $d = \dfrac{f_{RSS} d_{TOA} + f_{TOA} d_{RSS}}{f_{RSS} + f_{TOA}}$ 对两组距离数据进行处理，并将处理结果作为最终目标与所选参考点的距离值，建立相应的位置估计方程组，根据参考点的位置坐标计算所述目标的精确位置。

6.4.1.2　定位模型

这里主要分析上述方法的位置估计的方差。在本节提出的定位方法中，其定位精度主要取决于细定位的定位精度，下面针对细定位的混合定位方法分析其定位误差。

在细定位中，首先分别采用 TOA 和 RSS 两种定位方法获得相应的定位参数，然后通过数据融合的方法得到最终的距离值，建立相应的方程组。根据第 3 章的分析，超宽带信号在煤矿井下巷道中传输时，路径损耗模型可表示为：

$$R = T - (L_d + L_{MS} + L_{SS}) \tag{6.61}$$

其中，T 表示发射功率；R 表示接收功率；L_d 表示大尺度衰落，即路径衰落；L_{MS} 表示阴影衰落,一般服从零均值高斯分布;L_{SS} 表示小尺度衰落,即多径衰落,一般服从瑞利分布。

假设目标与参考点的距离为 d_{RSS},定位信号的波长为 λ,则大尺度衰落可表示为:

$$L_d = -10\log\left[\frac{\lambda^2}{(4\pi d_{RSS})^2}\right] \tag{6.62}$$

根据以上分析,阴影衰落和小尺度衰落的概率密度函数为:

$$f_{MS}(l_{MS}) = \frac{1}{\sqrt{2\pi}\sigma_{MS}}\exp\left(-\frac{l_{MS}^2}{2\sigma_{MS}^2}\right), \; -\infty < l_{MS} < \infty \tag{6.63}$$

$$f_{SS}(l_{SS}) = \begin{cases} \dfrac{l_{SS}}{\sigma_{SS}^2}\exp\left(-\dfrac{l_{SS}^2}{2\sigma_{SS}^2}\right), 0 \leqslant l_{SS} \leqslant \infty \\ 0, l_{SS} \leqslant 0 \end{cases} \tag{6.64}$$

式中,σ_{MS} 表示阴影衰落的标准差;σ_{SS} 表示接收信号解包络之前的功率。则 RSS 的概率密度分布为联合概率密度分布。

在本方法中采用 N 次累积平均的方法得到 RSS 数据,故其方差应该是单次 RSS 测量的 $\dfrac{1}{N^2}$ 倍。

然后分析 TOA 的概率统计模型。在存在非视距传播时,目标与参考点的距离可表示为:

$$c\tau = d_{TOA} + N + E \tag{6.65}$$

式中,c 为光速;τ 为所测的 TOA 到达时间;N 为 TOA 测量误差,一般服从零均值高斯分布,方差为 σ^2;E 为非视距传播产生的误差。

则测量误差的概率密度函数为:

$$f_n(x) = \frac{1}{2\pi\sigma}\exp\left(-\frac{x^2}{2\sigma^2}\right), \; -\infty < x < \infty \tag{6.66}$$

而非视距传播产生的误差一般服从均值为 $\dfrac{1}{\lambda}$、方差为 $\dfrac{1}{\lambda^2}$ 的指数分布,其概率密度函数可表示为:

$$f_e(x) = \lambda e^{-\lambda x} \tag{6.67}$$

则由概率论知,$N + E$ 服从以下分布:

$$f_{N+E}(x) = \frac{\lambda}{2}e^{-\lambda\left(x\frac{\lambda\sigma^2}{2}\right)}\left[1 + \text{erf}\left(\frac{x - \lambda\sigma^2}{\sqrt{2}\sigma}\right)\right] \tag{6.68}$$

式中,$\text{erf}(x) = \dfrac{2}{\sqrt{\pi}}\int_0^x e^{-x^2}dx$。

同理,本方法中采用多程测距的方法获得 TOA 数据,故其方差应该是单次 TOA 测量的 $\dfrac{1}{N^2}$ 倍。

细定位中 TOA 定位和 RSS 定位可以看成两次独立的距离估计,则这里总的无偏估计满足:

$$\begin{cases} \text{var}(d) \leqslant \text{var}(d_{TOA}) \\ \text{var}(d) \leqslant \text{var}(d_{RSS}) \end{cases} \tag{6.69}$$

这里对两组方法的距离值进行加权处理,定义函数:

$$d = f(d_{TOA}, d_{RSS}) = ad_{TOA} + bd_{RSS} \tag{6.70}$$

且满足 $a+b=1$，故建立目标函数为：

$$\arg_{\min}\left[\text{var}(d)\right]=\arg_{\min}\left[E(d-\bar{d})^2\right] \tag{6.71}$$

根据拉格朗日定理，得到：

$$\begin{cases} a=\dfrac{\sigma_{\text{RSS}}^2}{\sigma_{\text{RSS}}^2+\sigma_{\text{TOA}}^2} \\[4mm] b=\dfrac{\sigma_{\text{TOA}}^2}{\sigma_{\text{RSS}}^2+\sigma_{\text{TOA}}^2} \end{cases} \tag{6.72}$$

由上式可以看出，通过最佳线性加权的数据融合是对两个独立变量的加权，两个变量中误差越大的，加权系数越小，这样使得最终的误差大大降低。得到：

$$d=\frac{\sigma_{\text{RSS}}^2 d_{\text{TOA}}+\sigma_{\text{TOA}}^2 d_{\text{RSS}}}{\sigma_{\text{RSS}}^2+\sigma_{\text{TOA}}^2} \tag{6.73}$$

$$\text{var}(d)=\left(\frac{1}{\sigma_{\text{RSS}}^2}+\frac{1}{\sigma_{\text{TOA}}^2}\right)^{-1} \tag{6.74}$$

从上式可以看出，假如数据冗余的数据融合算法相对单一的定位方法精度要高。

6.4.1.3 仿真分析

为了分析比较上述方法定位精度的优势，利用 Matlab 软件对上述定位方法的误差进行仿真。这里，由于粗定位的存在，大大降低了多径干扰对系统精度的影响。故不失一般性地假设细定位过程中没有多径分量，则根据式(6.22)，基于多程测距的 TOA 方法无偏估计满足：

$$\sqrt{\text{var}(d_{\text{TOA}})}\geqslant\frac{c}{2\sqrt{2}\sqrt{SNR}\,\beta N} \tag{6.75}$$

其中，SNR 为系统的信噪比；β 为定位信号的有效带宽。

根据式(6.20)，基于累积平均的 RSS 方法的无偏估计满足：

$$\text{var}(d_{\text{RSS}})\geqslant\left(\frac{\ln 10\sigma}{10n}\cdot d\right)^2\cdot\frac{1}{N^2} \tag{6.76}$$

式中，n 为路径损耗因子；d 为参考点与目标之间的距离；σ 为对数阴影衰落的零均值高斯变量的方差。

则有：

$$\text{var}(d)=\left[\left(\frac{c}{2\sqrt{2}\sqrt{SNR}\,\beta N}\right)^{-2}+\left(\left(\frac{\ln 10\sigma}{10n}\cdot d\right)^{-2}\cdot\frac{1}{N^{-2}}\right)\right]^{-1} \tag{6.77}$$

图 6.18 给出了煤矿井下超宽带定位方法以及 TOA 定位方法的误差曲线。仿真中假设超宽带定位信号的有效带宽为 $\beta=1\text{ GHz}$；且 RSS 模型中路径损耗因子和阴影衰落的标准差根据第 3 章中煤矿井下超宽带 LRCS 信道模型选取，即 $n=1.47$，$\sigma=1.7$。

从图 6.18 中可以看出，本节提出的定位方法相比单纯的 TOA 定位方法定位精度要高得多，也证明了本节提出的混合定位方法在煤矿井下的高精度性。

6.4.2 系统组成

为实现上述方法，图 6.19 给出了基于直接序列脉冲超宽带系统的定位方法的实现。

如图 6.19 所示，该煤矿井下超宽带定位系统，包括井上设备和井下设备。其中，井上设备包括上层终端，地面监控终端，交换机和定位数据服务器；井下设备包括本质安全型网关，

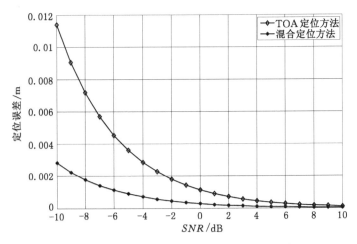

图 6.18　混合定位方法和 TOA 定位方法误差曲线

本质安全型参考点终端,本质安全型无线中继以及本质安全型定位终端。系统中为保证井下巷道防爆要求,井下设备均为本质安全型设备。且由定位数据服务器、地面监控终端、交换机和本质安全型网关组成有线网络,系统工作时将实时定位数据通过 Internet 网络传给上层终端;矿井中利用总线式连接各本质安全型网关;井下作业人员或者需定位设备配备本质安全型定位终端;由本质安全型定位终端、本质安全型参考点终端、本质安全型无线中继器和本质安全型网关组成脉冲体制超宽带无线定位网络。

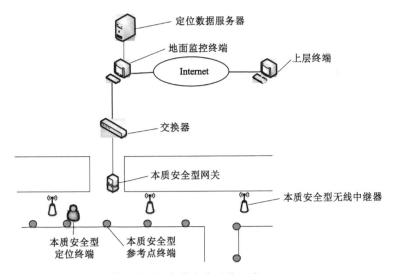

图 6.19　煤矿井下超宽带定位系统组成

下面针对系统各设备的功能进行详细描述:

(1) 定位数据服务器:负责接收存储目标位置数据。

(2) 地面监控终端:记录本质安全型参考点终端的位置信息;根据巷道实际环境划分各定位小区;计算各标称区间,并在定位过程中发给本质安全型参考点终端;定位时接收本质安全型定位终端的实时距离信息,计算目标的位置,并将其发给定位数据服务器。

(3) 交换机和本质安全型无线中继器:转发实时距离信息和标称区间信息。

（4）本质安全型网关：负责各定位数据在不同的网络之间转换。

（5）本质安全型参考点终端：预先给其分配唯一的标识码；接收地面监控终端发送的其标称区间信息，以及接收本质安全型定位终端的定位令牌指令，延迟一段时间，将该信息连同标识码、标称区间以及延迟时间回复给本质安全型定位终端。

（6）本质安全型定位终端：预先给其分配唯一的标识码；每隔一定时间向周围广播定位令牌指令，接收本质安全型参考点终端发送的定位信息，提取 RSS 数据，提取信息中的标识码、标称区间，对各 RSS 数据进行滤波，确定参与细定位的本质安全型参考点终端；对所选参考点终端连续 N 次发送定位令牌指令，记录发送时间、每次接收各参考点终端回复信息的接收信号强度，以及接收到最后一条回复信息的时间；根据上述参数分别计算 TOA 距离和 RSS 距离；对两组距离值进行加权处理；将加权处理后的距离信息发送给地面监控终端。

（7）地面监控终端：包括参考点位置存储器、标称区间计算器、标称区间存储器、标识码存储器以及目标位置计算器。

（8）本质安全型网关：接收本质安全型无线中继器发送的超宽带无线数据，将其转换成有线信号发送给交换机；同理，对交换机发送的有线数据，转换成超宽带无线信号转发给本质安全型无线中继器。

（9）本质安全性参考点终端：包括标识码存储器、延迟器和标称区间存储器。

（10）本质安全型定位终端：包括信号特征采集器，距离计算器和 RSS 数据过滤器。

为保证系统中井下设备的正常工作，要求各井下设备均包括超宽带信号发生器、超宽带天线、超宽带无线接收器以及电池。

图 6.20 给出了本系统工作的流程图。

根据上述分析可以看出，本系统的优势在于：

（1）通过采用超宽带信号，由于信号占空比极低且时间分辨力高，因此，可在时间上分离多径信号，相对现有的井下定位系统，大大提高了抗干扰能力。不仅如此，超宽带技术大幅降低了终端设备的功耗，且由于超宽带技术不需要复杂的调制解调，使系统的结构简单，体积小，更加适合井下巷道的使用。

（2）通过采用带状小区制划分各参考点的定位区域，使得定位方法更加符合巷道纵向长度较长的特点。

（3）通过采用粗、细两步定位法，粗定位时利用 RSS 定位，弱化了对参考点位置精度的依赖，且参考点的布置数量和密度要求不高。通过选择与目标较近的参考点进行精确定位，大大降低了多径效应对定位精度的影响。

（4）通过累积平均的处理方法计算 TOA 数据和 RSS 数据，减少了实际信道环境引起的测量偏差，使 TOA 距离值和 RSS 距离值更加精确。

（5）通过对 RSS 距离值和 TOA 距离值进行加权处理，降低了单一测距方法的计算误差，并使定位精度进一步提升。

（6）系统利用树形和总线型相结合的网络结构，当系统某终端发生故障时，不会影响系统其他设备的正常运行，故系统的抗灾变能力强。与此同时，针对不同巷道分支情况，这种系统网络结构提供了更为方便的扩充手段。

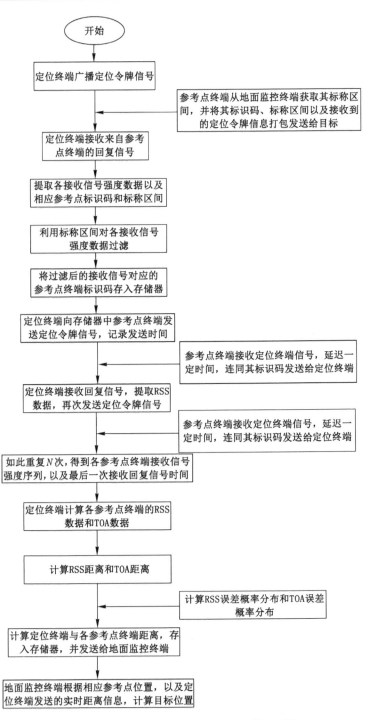

图 6.20 煤矿井下超宽带定位系统工作流程图

参 考 文 献

[1] 孙继平,钱晓红.煤矿重特大事故应急救援技术及装备[J].煤炭科学技术,2017,45(1):
112-116.

[2] 孙继平.煤矿安全监控系统通用技术要求[J].工矿自动化,2017,43(7):1-6.

[3] 孙继平,胡省三.第19届全国煤矿自动化与信息化学术会议论文集[C]//北京:中国煤
炭学会煤矿自动化专业委员会,2009.

[4] 孙继平.矿井安全监控系统[M].北京:煤炭工业出版社,2006.

[5] 孟宏伟.超宽带无线定位方法研究[D].长春:吉林大学,2007.

[6] ROSS G F.The transient analysis of certain TEM mode four-port networks[J].IEEE
Transactions on Microwave Theory and Techniques,1966,14(11):528-542.

[7] ROSS G.Transmission and reception system for generating and receiving base-band
pulse duration pulse signals without distortion for short base-band communication
system:US3728632[P].1973-04-17.

[8] SCHOLTZ R.Multiple access with time-hopping impulse modulation[C]//Proceedings of
MILCOM '93 - IEEE Military Communications Conference.Boston,MA,USA.IEEE,2002:
447-450.

[9] SCHOLTZ R A,WEAVER R,HOMIER E,et al.UWB radio deployment challenges
[C]//11th IEEE International Symposium on Personal Indoor and Mobile Radio
Communications.PIMRC 2000.Proceedings (Cat.No.00TH8525).London,UK.IEEE,
2002:620-625.

[10] YANG L Q,GIANNAKIS G B.Ultra-wideband communications:an idea whose time
has come[J].IEEE Signal Processing Magazine,2004,21(6):26-54.

[11] COMMUNICATION F C. Revision of part 15 of the commission's rules regarding
ultra wideband transmission systems: first report and order[R].Washington,DC:
Federal Communications Commission,2002.

[12] 王彦波.IR-UWB同步捕获技术研究[D].杭州:浙江大学,2008.

[13] 王石记.脉冲超宽带信号能量收集及捕获研究[D].哈尔滨:哈尔滨工业大学,2006.

[14] 王金龙,王呈贵,阚春荣,等.无线超宽带(UWB)通信原理与应用[M].北京:人民邮电
出版社,2005.

[15] GEZICI S,TIAN Z,GIANNAKIS G B,et al.Localization via ultra-wideband radios:
a look at positioning aspects for future sensor networks[J].IEEE Signal Processing
Magazine,2005,22(4):70-84.

[16]   OPPERMANN I, STOICA L, RABBACHIN A, et al. UWB wireless sensor networks: UWEN—a practical example[J]. IEEE Communications Magazine,2004,42(12):S27-S32.

[17]   CARDINALI R, DE NARDIS L, LOMBARDO P, et al. Lower bounds for ranging accuracy with multi band OFDM and direct sequence UWB signals[C]//2005 IEEE International Conference on Ultra-Wideband. Zurich, Switzerland. IEEE, 2006:302-307.

[18]   LEE J Y, SCHOLTZ R A. Ranging in a dense multipath environment using an UWB radio link[J]. IEEE Journal on Selected Areas in Communications,2002,20(9): 1677-1683.

[19]   ZETIK R, SACHS J, THOMA R. UWB localization - active and passive approach ultra wideband radar[C]//Proceedings of the 21st IEEE Instrumentation and Measurement Technology Conference. Como, Italy. IEEE, 2004:1005-1009.

[20]   LI X, BOND E J, VAN VEEN B D, et al. An overview of ultra-wideband microwave imaging via space-time beamforming for early-stage breast-cancer detection[J]. IEEE Antennas and Propagation Magazine,2005,47(1):19-34.

[21]   尹振东. DS-UWB 无线通信系统关键技术研究[D]. 哈尔滨:哈尔滨工业大学,2007.

[22]   CHEN K M, MISRA D, WANG H E, et al. An X-band microwave life-detection system [J]. IEEE Transactions on Biomedical Engineering,1986,BME-33(7):697-701.

[23]   CHEN K M, HUANG Y, NORMAN A, et al. Microwave life-detection system for detecting human subjects through barriers[C]//Proc. Progress in Electromagnetic Research Symp. Hong Kong, China,1997(1):6-9.

[24]   CHEN K M, KALLIS J, HUANG Y, et al. EM wave life-detection system for post-earthquake rescue operation[C]//Proc. 1994 URSI Radio Science. Seattle, WA ,1994(6): 19-24.

[25]   CHEN K M, HUANG Y, NORMAN A, et al. EM wave life-detection system for post-earthquake rescue operation-field test and modifications [C]//Proc. 1996 IEEE/APS-URSI Int. Symp. Baltimore, MD,1996(7):21-26.

[26]   LI C Z, CUMMINGS J, LAM J, et al. Radar remote monitoring of vital signs[J]. IEEE Microwave Magazine,2009,10(1):47-56.

[27]   GRENEKER E F. 雷达远距离探测心跳和呼吸的技术应用[J]. 雷达与电子战,1998, 38(11):48-50.

[28]   KELLY D, REINHARDT S, STANLEY R, et al. PulsON second generation timing chip: enabling UWB through precise timing[C]//2002 IEEE Conference on Ultra Wideband Systems and Technologies. Baltimore, MD, USA. IEEE, 2002:117-121.

[29]   FOERSTER J. Ultra-wideband technology for short- or medium-range wireless communications[J]. Intel Technology Journal,2001,10(10):12-18.

[30]   TIME DOMAIN CORPORATION. Pulse Technology Overview. Time Domain Corporation[DB/OL].2011-08-23[2011-9-10]. http://www.timedomain.com.

[31]   李禹. UWB-TWDR 的运动目标检测及定位[D]. 长沙:国防科学技术大学,2003.

[32]   陈敏. 超宽带穿墙探测雷达数据处理终端设计与实现[D]. 桂林:桂林电子科技大学, 2008.

[33] 李孝辉,刘娅,张丽荣.超宽带室内定位系统[J].测控技术,2007,26(7):1-2.

[34] 陈奎.井下移动目标精确定位理论与技术的研究[D].徐州:中国矿业大学,2009.

[35] RISSAFI Y,TALBI L.The effects of antenna directivity on UWB propagation in an underground mining environment[C]//ARP '07:The Fourth IASTED International Conference on Antennas,Radar and Wave Propagation.30 May 2007,Montreal,Quebec,Canada.ACM,2007:4-9.

[36] MOUTAIROU M,ANISS H,DELISLE G Y.Wireless mesh access point routing for efficient communication in underground mine[C]//2006 IEEE Antennas and Propagation Society International Symposium.Albuquerque,NM,USA.IEEE,2006:577-580.

[37] MOUTAIROU M.Underground Mines Planning of Wireless Mesh Networks[C]//Proc. 2nd International Conference on Wireless Communication in Underground and Confined Areas,2008,8:391-394.

[38] SALIH ALJ Y,DESPINS C,AFFES S.On the ranging performance in an underground mine using ultra-wideband fast acquisition system[C]//2009 Mediterrannean Microwave Symposium (MMS).Tangiers,Morocco.IEEE,2009:1-6.

[39] NDOH M,DELISLE G.Underground mines wireless propagation modeling[J]. IEEE 60th Vehicular Technology Conference,2004 VTC2004-Fall,2004,5:3584-3588.

[40] NERGUIZIAN C,DESPINS C L,AFFES S,et al.Radio-channel characterization of an underground mine at 2.4 GHz [J]. IEEE Transactions on Wireless Communications,2005,4(5):2441-2453.

[41] BOUTIN M,AFFES S,DESPINS C,et al.Statistical modelling of a radio propagation channel in an underground mine at 2.4 and 5.8 GHz[C]//2005 IEEE 61st Vehicular Technology Conference.Stockholm,Sweden,2005,1:78-81.

[42] 保罗·德隆涅.漏泄馈线和地下无线电通信[M].王椿年,戴耀森,高怀珍,等,译.北京:人民邮电出版社,1988.

[43] NDOH M,DELISLE G Y.Propagation characteristics for modern wireless system networks in underground mine galleries[C]//Proc. IWWCUCA,2005:129-137.

[44] NDOH M,DELISLE G Y,LE rené.A novel approach to propagation prediction in confined and diffracting rough surfaces[J].International Journal of Numerical Modelling:Electronic Networks,Devices and Fields,2003,16(6):535-555.

[45] NDOH M,DELISLE G Y,LE R.An approach to propagation prediction in a complex mine environment [C]//17th International Conference on Applied Electromagnetics and Communications,2003.ICECom 2003.Dubrovnik,Croatia,2003,10:237-240.

[46] TIAN H X,YANG W,YANG G X.Frequency selection for the wireless communication in coal mine underground based on the hybrid waveguide theory [C]//2005 IEEE International Symposium on Microwave,Antenna,Propagation and EMC Technologies for Wireless Communications.Beijing.IEEE,2005:1459-1463.

[47] LIENARD A,BAUDET J,DEGARDIN D,et al.Capacity of multi-antenna array

systems in tunnel environment[C]//Vehicular Technology Conference.IEEE 55th Vehicular Technology Conference. VTC Spring 2002 （Cat. No. 02CH37367）. Birmingham, AL, USA.IEEE, 2002:552-555.

[48] CHEHRI A, FORTIER P, TARDIF P M.Large-scale fading and time dispersion parameters of UWB channel in underground mines[J]. International Journal of Antennas and Propagation, 2008:1-10.

[49] 张长森,田子健.UHF 电波在任意截面隧道中传播特性[J].辽宁工程技术大学学报, 2005,24(3):384-386.

[50] 孙继平,李继生,雷淑英.煤矿井下无线通信传输信号最佳频率选择[J].辽宁工程技术 大学学报,2005,24(3):378-380.

[51] 李滢.受限空间宽带无线信道统计建模及 OFDM 调制技术研究[D].北京:北京交通 大学,2007.

[52] 杨维,冯锡生,程时昕,等.新一代全矿井无线信息系统理论与关键技术[J].煤炭学报, 2004,29(4):506-509.

[53] 张申.帐篷定律与隧道无线数字通信信道建模[J].通信学报,2002,23(11):41-50.

[54] 王艳芬,张文杰,陈若山.井下 UHF 宽带传播多径信道的频域 AR 建模[J].工矿自动 化,2008,34(4):18-20.

[55] 孙继平.矿井移动通信的特点及现有系统分析[J].煤矿自动化,1997,23(4):21-24.

[56] WANG W X, YANG G X, WANG W J.A new communication system based on OFDM in coal mine underground[C]//2005 Asia-Pacific Microwave Conference Proceedings.Suzhou.IEEE,2005:3.

[57] ZHANG W, ZHANG J, ABHAYAPALA T.Frequency dependency in UWB channel modelling[C]//Proc. 8th International Sym. on DSP and Communication Systems, 2005:248-252.

[58] 张晓光,徐钊,裴红霞,等.自适应 OFDM 算法及其在煤矿井下无线通信系统中的应 用[J].工矿自动化,2008,34(2):1-5.

[59] DAMIEN M, MAGNUS A, PETER E.Measurement based study and evaluation of IEEE 802. 11 b/g wireless communication network in underground mines[D]. Sweden：Lule University of Technology Institution of Computer Science and Electrical Engineering, 2005.

[60] RALSTON J, HARGRAVE C, HAINSWORTH D.Localisation of mobile underground mining equipment using wireless Ethernet[C]//Proc. IAS, 2005,1: 225-230.

[61] 湛浩旻,孙长嵩,吴珊,等.ZigBee 技术在煤矿井下救援系统中的应用[J].计算机工程 与应用,2006,42(24):181-183.

[62] LI M, LIU Y H.Underground structure monitoring with wireless sensor networks [C]//Proc. IPSN'07, 2007: 25-27.

[63] 杨庆瑞.超宽带(UWB)通信系统极窄脉冲特性研究[D].成都:电子科技大学,2002.

[64] PARR B, CHO B, WALLACE K, et al. A novel ultra-wideband pulse design algorithm[J].IEEE Communications Letters,2003,7(5):219-221.

[65] MICHAEL L B, GHAVAMI M, KOHNO R.Multiple pulse generator for ultra-

wideband communication using Hermite polynomial based orthogonal pulses[C]// 2002 IEEE Conference on Ultra Wideband Systems and Technologies.Baltimore, MD,USA.IEEE,2002:47-51.

[66] 赵君喜,陈桂琴.超宽带无线通信正交脉冲波形的正交化设计[J].南京邮电大学学报 (自然科学版),2006,26(2):39-42.

[67] 邹卫霞,张春青,周正.基于峰值频率设计 UWB 脉冲的算法[J].通信学报,2005,26(9): 74-78.

[68] 迟永钢.脉冲超宽带通信系统功率谱研究[D].哈尔滨:哈尔滨工业大学,2006.

[69] LUO X L,YANG L Q,GIANNAKIS G B.Designing optimal pulse-shapers for ultra-wideband radios[C]//IEEE Conference on Ultra Wideband Systems and Technologies.Reston,VA,USA.IEEE,2003:349-353.

[70] WU X R,TIAN Z,DAVIDSON T N,et al.Optimal waveform design for UWB radios[J].IEEE Transactions on Signal Processing,2006,54(6):2009-2021.

[71] WU X,TIAN Z,DAVIDSON T N,et al.Orthogonal waveform design for UWB radios [C]//IEEE 5th Workshop on Signal Processing Advances in Wireless Communications.Lisbon,Portugal.IEEE,2004:150-154.

[72] DOTLIC I,KOHNO R.Design of the family of orthogonal and spectrally efficient UWB waveforms[J].IEEE Journal of Selected Topics in Signal Processing,2007,1 (1):21-30.

[73] WANG T,WANG Y.Capacity of M-ary PAM impulse radio with various derivatives of Gaussian pulse subject to FCC spectral masks[C]//Proceedings of ISCC 2004. Ninth International Symposium on Computers and Communications.Alexandria, Egypt.IEEE,2004:696-701.

[74] ZHANG H,GULLIVER T A.Biorthogonal pulse position modulation for time-hopping multiple access UWB communications[J].IEEE Transactions on Wireless Communications,2005,4(3):1154-1162.

[75] DA SILVA J A N,DE CAMPOS M L R.Spectrally efficient UWB pulse shaping with application in orthogonal PSM[J].IEEE Transactions on Communications,2007,55(2): 313-322.

[76] USUDA K,ZHANG H,NAKAGAWA M.M-ary pulse shape modulation for PSWF-based UWB systems in multipath fading environment[C]//Proc. IEEE Globecom, 2004,10:3498-3504.

[77] DA SILVA J A N,DE CAMPOS M L R.Performance comparison of binary and quaternary UWB modulation schemes [C]//GLOBECOM '03. IEEE Global Telecommunications Conference.San Francisco,CA,USA.IEEE,2003:789-793.

[78] HWANG J K,CHIU Y L,CHUNG R L.A novel decision-feedback receiver for MBOK direct sequence ultra-wideband radio[C]//2006 IEEE 7th Workshop on Signal Processing Advances in Wireless Communications. Cannes, France. IEEE, 2006:1-5.

[79] KAZIMIERZ SIWIAK,DEBRA MCKEOWN.超宽带无线电技术[M].张中兆,沙学

军,等,译.北京:电子工业出版社,2005.

[80] 朱雪田,邓天乐,周正.基于正交小波的超宽带无线通信多址接入方式:波分多址[J].北京邮电大学学报,2004,27(4):13-17.

[81] 林迪.基于窄脉冲的超宽带调制方式与多址方式的分析[D].哈尔滨:哈尔滨工业大学,2007.

[82] BUEHRER R M,DAVIS W A, SAFAAI-JAZI A，et al. Ultra-wideband propagation measurements and modeling. DARPA NETEX Program Final Report[DB/OL]. 2004-01-13 [2011-09-10]. http://www. mprg. org/people/buehrer/ultra/darpa _ netex.shtml.

[83] DONLAN B M,MCKINSTRY D R,BUEHRER R M.The UWB indoor channel: large and small scale modeling [J]. IEEE Transactions on Wireless Communications,2006,5(10):2863-2873.

[84] RAPPAPORT T S.Wireless communications: principles and practice[M].2nd ed. Upper Saddle River,2002.

[85] CHONG C C,KIM Y,LEE S S.Statistical characterization of the UWB propagation channel in various types of high-rise apartments [C]//IEEE Wireless Communications and Networking Conference.New Orleans,LA,USA.IEEE,2005: 944-949.

[86] ALVAREZ A, VALERA G, LOBEIRA M, et al. New channel impulse response model for UWB indoor system simulations [C]//The 57th IEEE Semiannual Vehicular Technology Conference, 2003. VTC 2003-Spring. Jeju, Korea (South). IEEE,2003:1-5.

[87] KUNISCH J,PAMP J.Measurement results and modeling aspects for the UWB radio channel [C]//2002 IEEE Conference on Ultra Wideband Systems and Technologies.Baltimore,MD,USA.IEEE,2002:19-23.

[88] GHASSEMZADEH S S,JANA R,RICE C W,et al.Measurement and modeling of an ultra-wide bandwidth indoor channel[J].IEEE Transactions on Communications, 2004,52(10):1786-1796.

[89] ALVAREZ A, VALERA G, LOBEIRA M, et al. New channel impulse response model for UWB indoor system simulations [C]//The 57th IEEE Semiannual Vehicular Technology Conference, 2003. VTC 2003-Spring. Jeju, Korea (South). IEEE,2003:1-5.

[90] PAGANI P, PAUNCH P, VINTON S. A study of the ultra-wideband indoor channel: Propagation experiment and measurement results[C]//Proc. COST273., TD(030)060, 2003:150-154.

[91] KEIGNART J, DANIELE N. Channel sounding and modeling for indoor UWB communications[C]//Proc. International Workshop on Ultra Wideband Systems, 2003:135-140.

[92] RUSCH L,PRETTIE C,CHEUNG D,et al.Characterization of UWB propagation from 2 to 8 GHz in a residential environment[J].IEEE J. Select. Areas Commun,

2003:1-38.

[93] ZASOWSKI T,ALTHAUS F,STAGER M,et al.UWB for noninvasive wireless body area networks:channel measurements and results[C]//IEEE Conference on Ultra Wideband Systems and Technologies.Reston,VA,USA.IEEE,2003:285-289.

[94] CASSIOLI D,WIN M Z,MOLISCH A F.The ultra-wide bandwidth indoor channel: from statistical model to simulations [J]. IEEE Journal on Selected Areas in Communications,2002,20(6):1247-1257.

[95] HOVINEN V.A Proposal for a Selection of indoor UWB path loss model[DB/OL]. 2002-07-19[2011-09-10]. http://grouper.ieee.org/groups/802/15/pub/2002/Jul02, 02280r1P802.15.

[96] KUNISCH J,PAMP J.Measurement results and modeling aspects for the UWB radio channel [C]//2002 IEEE Conference on Ultra Wideband Systems and Technologies.Baltimore,MD,USA.IEEE,2002:19-23.

[97] YANO S M.Investigating the ultra-wideband indoor wireless channel[J].Vehicular Technology Conference IEEE 55th Vehicular Technology Conference VTC Spring 2002 (Cat No 02CH37367),2002,3:1200-1204.

[98] SALEH A A M, VALENZUELA R. A statistical model for indoor multipath propagation[J].IEEE Journal on Selected Areas in Communications,1987,5(2): 128-137.

[99] NERGUIZIAN C,DESPINS C L,AFFES S,et al.Radio-channel characterization of an underground mine at 2. 4 GHz [J]. IEEE Transactions on Wireless Communications,2005,4(5):2441-2453.

[100] FOERSTER J.Channel modeling sub-committee report final[EB/OL].2002-08-09 [2011-09-10]. http://grouper.ieee.org/groups/802/15/pub/2002/Nov02/.

[101] KEIGNART J,DANIELE N.Subnanosecond UWB channel sounding in frequency and temporal domain[C]//2002 IEEE Conference on Ultra Wideband Systems and Technologies.Baltimore,MD,USA.IEEE,2002:25-30.

[102] GHASSEMZADEH S S,JANA R,RICE C W,et al.A statistical path loss model for in-home UWB channels [C]//2002 IEEE Conference on Ultra Wideband Systems and Technologies.Baltimore,MD,USA.IEEE,2002:59-64.

[103] GHASSEMZADEH S S, GREENSTEIN L J, TAROKH V. The ultrawideband indoor multipath loss model[EB/OL].2002-08-09[2011-09-10]. http://grouper. ieee.org/groups/802/15/pub/2002/Jul02/.

[104] PRETTIE C,CHEUNG D,RUSCH L,et al.Spatial correlation of UWB signals in a home environment[C]//2002 IEEE Conference on Ultra Wideband Systems and Technologies.Baltimore,MD,USA.IEEE,2002:65-69.

[105] LIENARD M,DEGAUQUE P.Natural wave propagation in mine environments [J].IEEE Transactions on Antennas and Propagation,2000,48(9):1326-1339.

[106] CRAMER R,SCHOLTZ R,WIN M.Spatio-temporal diversity in ultra-wideband radio[C]//Proc. IEEE WCNC, 1999:888-892.

[107]　CRAMER R J M, SCHOLTZ R A, WIN M Z. Evaluation of an ultra-wide-band propagation channel[J].IEEE Transactions on Antennas and Propagation,2002,50(5): 561-570.

[108]　HASHEMI H. The indoor radio propagation channel[C]//Proceedings of the IEEE.IEEE,1993:943-968.

[109]　JANSSEN G J M,STIGTER P A,PRASAD R.Wideband indoor channel measurements and BER analysis of frequency selective multipath channels at 2.4,4.75,and 11.5 GHz [J].IEEE Transactions on Communications,1996,44(10):1272-1288.

[110]　WIN M Z,SCHOLTZ R A,BARNES M A.Ultra-wide bandwidth signal propagation for indoor wireless communications[C]//Proceedings of ICC '97 - International Conference on Communications.Montreal,QC,Canada.IEEE,1997:56-60.

[111]　WIN M Z, SCHOLTZ R A.Energy capture vs.correlator resources in ultra-wide bandwidth indoor wireless communications channels[C]//MILCOM 97 MILCOM 97 Proceedings.Monterey,CA,USA.IEEE,1997:1277-1281.

[112]　CRAMER R J M,WIN M Z,SCHOLTZ R A.Impulse radio multipath characteristics and diversity reception [C]//ICC '98. 1998 IEEE International Conference on Communications.Conference Record.Affiliated with SUPERCOMM '98 (Cat.No. 98CH36220).Atlanta,GA,USA.IEEE,1998:1650-1654.

[113]　WIN M Z,SCHOLTZ R A.On the robustness of ultra-wide bandwidth signals in dense multipath environments[J].IEEE Communications Letters,1998,2(2):51- 53.

[114]　CASSIOLI D,WIN M Z,MOLISCH A F.A statistical model for the UWB indoor channel[C]//IEEE VTS 53rd Vehicular Technology Conference, Spring 2001. Proceedings (Cat.No.01CH37202).Rhodes,Greece.IEEE,2001:1159-1163.

[115]　GHASSEMZADEH S S,JANA R,RICE C W,et al.A statistical path loss model for in-home UWB channels [C]//2002 IEEE Conference on Ultra Wideband Systems and Technologies.Baltimore,MD,USA.IEEE,2002:59-64.

[116]　YANO S M.Investigating the ultra-wideband indoor wireless channel[C]//Vehicular Technology Conference.IEEE 55th Vehicular Technology Conference.VTC Spring 2002 (Cat.No.02CH37367).Birmingham,AL,USA.IEEE,2002:1200-1204.

[117]　WIN M Z,RAMIREZ-MIRELES F,SCHOLTZ R A,et al.Ultra-wide bandwidth (UWB) signal propagation for outdoor wireless communications[C]//1997 IEEE 47th Vehicular Technology Conference.Technology in Motion.Phoenix,AZ,USA. IEEE,1997:251-255.

[118]　WEISSOERGER M. An initial critical summary of models for predicting the attenuation of radio waves by trees[R].Electromagnetic Compatibility Analysis Centre, Annapolis, MD, Tech. Rep. ESD-TR-81-101,1982.

[119]　CHEHRI A,FORTIER P,TARDIF P M.Large-scale fading and time dispersion parameters of UWB channel in underground mines[J]. International Journal of Antennas and Propagation,2008:806326.

[120] CHEHRI A, FORTIER P, ANISS H, et al. UWB spatial fading and small scale characterization in underground mines [C]//23rd Biennial Symposium on Communications. Kingston, ON, Canada. IEEE, 2006: 213-218.

[121] PAGANI P, PAJUSCO P. Statistical modeling of the ultra wide band propagation channel through the analysis of experimental measurements[J]. Comptes Rendus Physique, 2006, 7(7): 762-773.

[122] SAHINOGLU Z, GEZICI S. Ranging in the IEEE 802.15.4a standard[C]//2006 IEEE Annual Wireless and Microwave Technology Conference. Clearwater Beach, FL, USA. IEEE, 2006: 1-5.

[123] ZASOWSKI T, ALTHAUS F, STAGER M, et al. UWB for noninvasive wireless body area networks: channel measurements and results[C]//IEEE Conference on Ultra Wideband Systems and Technologies. Reston, VA, USA. IEEE, 2004: 285-289.

[124] DI RENZO M, GRAZIOSI F, MINUTOLO R, et al. The ultra-wide bandwidth outdoor channel: from measurement campaign to statistical modelling[J]. Mobile Networks and Applications, 2006, 11(4): 451-467.

[125] 牟大中. 脉冲超宽带信号的非相干接收技术研究[D]. 北京: 北京交通大学, 2010.

[126] CHAO Y L, SCHOLTZ R A. Optimal and suboptimal receivers for ultra-wideband transmitted reference systems[C]//GLOBECOM '03. IEEE Global Telecommunications Conference. San Francisco, CA, USA. IEEE, 2004: 759-763.

[127] FRANZ S, MITRA U. On optimal data detection for UWB transmitted reference systems[C]//GLOBECOM '03. IEEE Global Telecommunications Conference. San Francisco, CA, USA. IEEE, 2004: 744-748.

[128] CASSIOLI D, WIN M Z, VATALARO F, et al. Performance of low-complexity RAKE reception in a realistic UWB channel [C]//2002 IEEE International Conference on Communications. Conference Proceedings. ICC 2002 (Cat. No. 02CH37333). New York, NY, USA. IEEE, 2002: 763-767.

[129] ZHOU L, ZHOU S D, YAO Y. Weighted Rake receiver for UWB communications with channel estimation errors[C]//Proceedings of 2005 International Conference on Communications, Circuits and Systems. Hong Kong, China. IEEE, 2005: 437-440.

[130] SHENG H, HAIMOVICH A M, MOLISCH A F, et al. Optimum combining for time hopping impulse radio UWB RAKE receivers[C]//IEEE Conference on Ultra Wideband Systems and Technologies. Reston, VA, USA. IEEE, 2004: 224-228.

[131] HOCTOR R, TOMLINSON H. An overview of delay-hopped, transmitted-reference RF communications[C]// Proc. Ultra Wideband Systems and Technologies, 2002: 265-269.

[132] LEUS G, VAN DER VEEN A J. A weighted autocorrelation receiver for transmitted reference ultra wideband communications[C]//IEEE 6th Workshop on Signal Processing Advances in Wireless Communications. New York, NY, USA. IEEE, 2005: 965-969.

[133] D'AMICO A A, MENGALI U. GLRT receivers for UWB systems[J]. IEEE Communications Letters, 2005, 9(6): 487-489.

[134] DONG X D, LEE A C Y, XIAO L. A new UWB dual pulse transmission and detection technique[C]//IEEE International Conference on Communications, 2005. ICC 2005. Seoul, Korea (South). IEEE, 2005:2835-2839.

[135] DONG X D, XIAO L, LEE A. Performance analysis of dual pulse transmission in UWB channels[J]. IEEE Communications Letters, 2006, 10(8):626-628.

[136] KIM D I, JIA T. M-ary orthogonal coded/balanced ultra-wideband transmitted-reference systems in multipath[J]. IEEE Transactions on Communications, 2008, 56(1):102-111.

[137] GOECKEL D L, ZHANG Q. Slightly frequency-shifted reference ultra-wideband (UWB) radio[J]. IEEE Transactions on Communications, 2007, 55(3):508-519.

[138] 张中兆, 沙学军, 张钦宇, 等. 超宽带通信系统[M]. 北京: 电子工业出版社, 2010.

[139] URKOWITZ H. Energy detection of unknown deterministic signals[C]//Proceedings of the IEEE. IEEE, 1967:523-531.

[140] WEISENHORN M, HIRT W. Robust noncoherent receiver exploiting UWB channel properties[C]//2004 International Workshop on Ultra Wideband Systems Joint with Conference on Ultra Wideband Systems and Technologies. Joint UWBST & IWUWBS 2004. Kyoto, Japan. IEEE, 2004:156-160.

[141] PAQUELET S, AUBERT L. An Energy Adaptive Demodulation for High Data Rates with Impulse Radio[C]//Proc. RAWCOM 2004, Atlanta, GA USA, 2004: 323-326.

[142] ŞAHIN M E, GÜVENÇ İ, ARSLAN H. Joint parameter estimation for UWB energy detectors using OOK[J]. Wireless Personal Communications, 2007, 40(4): 579-591.

[143] THIASIRIPHET T, LINDNER J. A novel comb filter based receiver with energy detection for UWB wireless body area networks[C]//2008 IEEE International Symposium on Wireless Communication Systems. Reykjavik, Iceland. IEEE, 2008: 498-502.

[144] ARIAS-DE-REYNA E, D'AMICO A A, MENGALI U. UWB energy detection receivers with partial channel knowledge[C]//2006 IEEE International Conference on Communications. Istanbul, Turkey. IEEE, 2006:4688-4693.

[145] MEKKI S, DANGER J L, MISCOPEIN B, et al. EM channel estimation in a low-cost UWB receiver based on energy detection[C]//2008 IEEE International Symposium on Wireless Communication Systems. Reykjavik, Iceland. IEEE, 2008: 214-218.

[146] FURUSAWA K, SASAKI M, HIOKI J, et al. Schemes of optimization of energy detection receivers for UWB-IR communication systems under different channel model[C]//2008 IEEE International Conference on Ultra-Wideband. Hannover, Germany. IEEE, 2008:157-160.

[147] CHAO Y L. Optimal integration time for UWB transmitted reference correlation receivers[C]//Conference Record of the Thirty-Eighth Asilomar Conference on Signals, Systems and Computers. Pacific Grove, CA, USA. IEEE, 2005:647-651.

[148] 杨志华,张钦宇,王野.非相干能量检测 UWB 接收机误码率性能优化[J].电子学报,2009,37(5):951-956.

[149] CHENG X T,GUAN Y L,GONG Y.Thresholdless energy detection for ultra-wideband block-coded OOK signals[J].Electronics Letters,2008,44(12):755.

[150] PENG X M,CHIN F,WONG S H,et al.A RAKE combining scheme for an energy detection based noncoherent OOK receiver in UWB impulse radio systems[C]// 2006 IEEE International Conference on Ultra-Wideband. Waltham,MA,USA. IEEE,2006:73-78.

[151] TIAN Z,SADLER B M.Weighted energy detection of ultra-wideband signals[C]// IEEE 6th Workshop on Signal Processing Advances in Wireless Communications. New York,NY,USA.IEEE,2005:1068-1072.

[152] FLURY M,MERZ R,LE BOUDEC J Y.An energy detection receiver robust to multi-user interference for IEEE 802.15.4a networks [C]//2008 IEEE International Conference on Ultra-Wideband.Hannover,Germany.IEEE,2008:149-152.

[153] D'AMICO A A,MENGALI U,ARIAS-DE-REYNA E.Energy-detection UWB receivers with multiple energy measurements[J].IEEE Transactions on Wireless Communications,2007,6(7):2652-2659.

[154] WU J J,XIANG H G,TIAN Z.Weighted noncoherent receivers for UWB PPM signals[J].IEEE Communications Letters,2006,10(9):655-657.

[155] WIN M Z,SCHOLTZ R A.Energy capture vs.correlator resources in ultra-wide bandwidth indoor wireless communications channels[C]//MILCOM 97 MILCOM 97 Proceedings.Monterey,CA,USA.IEEE,1997:1277-1281.

[156] RAJESWARAN A,SOMAYAZULU V S,FOERSTER J R.RAKE performance for a pulse based UWB system in a realistic UWB indoor channel[C]//IEEE International Conference on Communications,2003.ICC '03.Anchorage,AK,USA. IEEE,2003:2879-2883.

[157] TIAN Z,GIANNAKIS G B.BER sensitivity to mistiming in ultra-wideband impulse Radios-part I:nonrandom channels[J].IEEE Transactions on Signal Processing,2005,53(4):1550-1560.

[158] QUEK T Q S,WIN M Z.Analysis of UWB transmitted-reference communication systems in dense multipath channels[J].IEEE Journal on Selected Areas in Communications,2005,23(9):1863-1874.

[159] 孙晖.经验模态分解理论与应用研究[D].杭州:浙江大学,2005.

[160] PAULRAJ A,NABAR R,GORE D.Introduction to Space-Time Wireless Communications:[M].New York,NY:Cambridge University Press,2003.

[161] FARHANG M,SALEHI J A.Optimum receiver design for transmitted-reference signaling[J].IEEE Transactions on Communications,2010,58(5):1589-1598.

[162] 李刚.LFMCW 生命探测雷达信号处理技术研究[D].西安:西北工业大学,2007.

[163] 詹鹏.DSP 在雷达生命探测系统中的应用研究[D].成都:成都理工大学,2008.

[164] BOREK S E.An overview of through the wall surveillance for homeland security[C]//34th Applied Imagery and Pattern Recognition Workshop（AIPR'05）. Washington,DC,USA.IEEE,2006：42-47.

[165] RADAR flashlight for through-the-wall detection of humans[C]//Aerospace/ Defense Sensing and Controls. Proc SPIE 3375，Targets and Backgrounds： Characterization and Representation IV,Orlando,FL,USA.1998,3375：280-285.

[166] 唐捷,高国华,赵京.雷达式煤矿救援生命探测系统[J].煤矿机电,2008(2)：47-49.

[167] FERRIS D D Jr,CURRIE N C.Survey of current technologies for through-the-wall surveillance（TWS）[C]//Proc SPIE 3577,Sensors,C3I,Information,and Training Technologies for Law Enforcement,1999,3577：62-72.

[168] FERRIS D D Jr,CURRIE N C.Microwave and millimeter-wave systems for wall penetration[C]//Aerospace/Defense Sensing and Controls. Proc SPIE 3375， Targets and Backgrounds：Characterization and Representation IV,Orlando,FL， USA.1998,3375：269-279.

[169] 赵彧.穿墙控测雷达的多目标定位与成像[D].长沙：国防科学技术大学,2006.

[170] 陈维锋,彭晋川,王云基,等.三种生命探测仪及其在地震救助中的应用[J].四川地震,2003(3)：25-28.

[171] 石国安,商文忠,张晗.生命探测中的红外技术[J].红外,2008,29(11)：12-16.

[172] WILD N C,DOFT F,WONDRA J,et al.Ultrasonic through-the-wall surveillance system[C]//Proceedings of SPIE, 2002：167-176.

[173] 简兴祥.声波/振动生命探测系统数理模型的研究[D].成都：成都理工大学,2003.

[174] 段美霞,白娟.声振生命探测系统的 CPCI 实现[J].电子工程师,2007,33(12)：74-76.

[175] 路国华.生物雷达目标信息识别技术的实验研究[D].西安：第四军医大学,2005.

[176] 路国华,王健琪,杨国胜,等.生物雷达技术的研究现状[J].国外医学 生物医学工程分册,2004,27(6)：368-370.

[177] CHERNIAKOV M,DONSKOI L.Frequency band selection of radars for buried object detection[J].IEEE Transactions on Geoscience and Remote Sensing,1999,37(2)：838-845.

[178] 贺鹏飞.超宽带无线通信关键技术研究[D].北京：北京邮电大学,2007.

[179] 丁鹭飞,耿富录.雷达原理[M].2 版.西安：西安电子科技大学出版社,1995.

[180] MERRILL I.SKOLNIK.雷达系统导论[M].左群声,等,译.北京：电子工业出版社, 2006.

[181] 牛犇.生命探测雷达信号识别方法研究[D].西安：西安电子科技大学,2006.

[182] 李建军.生命探测雷达信号处理算法研究[D].西安：西安电子科技大学,2006.

[183] HUANG N E,SHEN Z,LONG S R,et al.The empirical mode decomposition and the Hilbert spectrum for nonlinear and non-stationary time series analysis[J]. Proceedings of the Royal Society of London Series A,1998,454(1971)：903-998.

[184] 钟佑明,秦树人,汤宝平.一种振动信号新变换法的研究[J].振动工程学报,2002, 15(2)：233-238.

[185] 杨世锡,胡劲松,吴昭同,等.基于高次样条插值的经验模态分解方法研究[J].浙江大

学学报(工学版),2004(3):267-270.

[186] DENG Y J,WANG W,QIAN C C,et al.Boundary-processing-technique in EMD method and Hilbert transform[J].Chinese Science Bulletin,2001,46(11):954-960.

[187] HUANG D J,ZHAO J P,SU J L.Practical implementation of the Hilbert-Huang Transform algorithm[J].Acta Oceanologica Sinica,2003,22:1-14.

[188] 张郁山,梁建文,胡事贤.应用自回归模型处理 EMD 方法中的边界问题[J].自然科学进展,2003,13(10):1054-1059.

[189] 刘慧婷,张旻,程家兴.基于多项式拟合算法的 EMD 端点问题的处理[J].计算机工程与应用,2004,40(16):84-86.

[190] 宋劲,吴燕清,胡运兵,等.探地雷达在煤巷超前探测中的应用[J].矿业安全与环保,2007,34(1):37-38.

[191] 范平志,邓平,刘林.蜂窝网无线定位[M].北京:电子工业出版社,2002.

[192] VAN NEE R D J,SIEREVELD J,FENTON P C,et al.The multipath estimating delay lock loop:approaching theoretical accuracy limits[C]//Proceedings of 1994 IEEE Position,Location and Navigation Symposium - PLANS'94.Las Vegas,NV,USA.IEEE,1994:246-251.

[193] STEWART M,TSAKIRI M.GLONASS broadcast orbit computation[J].GPS Solutions,1998,2(2):16-27.

[194] 蔡艳辉,程鹏飞,李加洪.伽利略计划进展综述[J].测绘科学,1003,28(2):160-162.

[195] 一舟.中国的 GPS:北斗星导航定位系统[J].中国水运,2005(1):45.

[196] STANSFIELD R G.Statistical theory of d.f.fixing[J].Journal of the Institution of Electrical Engineers—Part IIIA:Radiocommunication,1947,94(15):762-770.

[197] FIGEL W G,SHEPHERD N H,TRAMMELL W F.Vehicle location by a signal attenuation method [C]//19th IEEE Vehicular Technology Conference. San Francisco,CA,USA.IEEE,1968:105-109.

[198] OTT G D.Vehicle location in cellular mobile radio systems[J].IEEE Transactions on Vehicular Technology,1977,26(1):43-46.

[199] FEDERAL COMMUNICATIONS COMMISSION(FCC).Revision of the commissions rules to insure compatibility with enhanced 911 emergency calling systems[EB/OL]. 1997-11-01[2011-09-10]. http://transition. fcc. gov/Bureaus/Wireless/Orders/1997/da972530.pdf.

[200] ZHAO Y L.Standardization of mobile phone positioning for 3G systems[J].IEEE Communications Magazine,2002,40(7):108-116.

[201] CONG L. Mobile location in wideband CDMA communication systems[D]. Canada:PhD Thesis of University Waterloo,2003.

[202] QI Y. Wireless Geolocation in a Non-Line-Of-Sight Environmen[D].USA:PhD Thesis of Princeton University,2003.

[203] 钱天爵,瞿学林.GPS 全球定位系统及其应用[M].北京:海潮出版社,1993.

[204] 贾东升,王飞雪.欧洲伽利略计划及其新技术概述[J].航空电子技术,2003,34(3):5-9.

[205] WANT R,HOPPER A,FALCÃO V,et al.The active badge location system[J].

ACM Transactions on Information Systems,10(1):91-102.

[206]   AT&T CAMBRIDGE. The Active Badge System[DB/OL]. 2002-07-25[2011-09-10]. http://www.uk.research.att.com/ab.html.

[207]   HARTER A,HOPPER A,STEGGLES P,et al. The anatomy of a context-aware application[C]//Proceedings of the 5th annual ACM/IEEE international conference on Mobile computing and networking. Seattle Washington USA. ACM,1999:59~68.

[208]   PRIYANTHA N B, CHAKRABORTY A, BALAKRISHNAN H. The Cricket location-support system [C]//Proceedings of the 6th annual international conference on Mobile computing and networking. August 6 - 11,2000,Boston,Massachusetts,USA.ACM,2000:32-43.

[209]   PRIYANTHA N B. The cricket indoor location system[D]. USA:PhD Thesis of MIT,2005.

[210]   BAHL P,PADMANABHAN V. RADAR:an in-building RF-based user location and tracking system [J]. Proceedings IEEE INFOCOM 2000 Conference on Computer Communications Nineteenth Annual Joint Conference of the IEEE Computer and Communications Societies (Cat No 00CH37064),2000,2:775-784.

[211]   KRUMM J,HARRIS S,MEYERS B,et al.Multi-camera multi-person tracking for EasyLiving [C]//Proceedings Third IEEE International Workshop on Visual Surveillance.Dublin,Ireland.IEEE,2000:3-10.

[212]   蒲芳,曹奇英,李彩霞.普适计算中的位置感知综述[J].东华大学学报(自然科学版),2006,32(1):120-124.

[213]   HIGHTOWER J,BORRIELLO G,WANT R.SpotON:an indoor 3D location sensing technology based on RF signal strength[R].UW CSE Technical Report,University of washington,Intel Research Seattle,USA,2000.

[214]   3D-iD[DB/OL]. 2003-07-23[2011-09-10]. http//www.pinpointco.com/.

[215]   HALL T D.Radio location using AM broadcasting signals[D].USA:PhD Thesis of MIT,2002.

[216]   葛利嘉,曾凡鑫,刘郁林,等.超宽带无线通信[M].北京:国防工业出版社,2005.

[217]   曹达仲,侯春萍.移动通信原理、系统及技术[M].北京:清华大学出版社,2004.

[218]   SO H C,CHING P C.Performance analysis of ETDGE - an efficient and unbiased TDOA estimator[J]. IEE Proceedings - Radar, Sonar and Navigation,1998,145(6):325-329.

[219]   LAY K T,CHAO W K. Mobile positioning based on TOA/TSOA/TDOA measurements with NLOS error reduction[C]//2005 International Symposium on Intelligent Signal Processing and Communication Systems. Hong Kong, China. IEEE,2005:545-548.

[220]   MIAO H L,YU K G,JUNTTI M J.Positioning for NLOS propagation:algorithm derivations and cramer-Rao bounds[C]//2006 IEEE International Conference on Acoustics Speech and Signal Processing Proceedings. Toulouse, France. IEEE,

2006:1045-1048.

[221] THOMAS N J,CRUICKSHANK D G M,LAURENSON D I.Calculation of mobile location using scatterer information[J].Electronics Letters,2001,37(19):1193-1194.

[222] WAN Q,YANG W L,PENG Y N.Closed-form solution to mobile location using linear constraint on scatterer[J].Electronics Letters,2004,40(14):883-884.

[223] NERGUIZIAN C,DESPINS C,AFFES S.Geolocation in mines with an impulse response fingerprinting technique and neural networks[J].IEEE Transactions on Wireless Communications,2006,5(3):603-611.

[224] FONTANA R J.Recent system applications of short-pulse ultra-wideband (UWB) technology[J].IEEE Transactions on Microwave Theory and Techniques,2004, 52(9):2087-2104.

[225] 李孝辉,刘娅,张丽荣.超宽带室内定位系统[J].测控技术,2007,26(7):1-2.

[226] 南京唐恩科技资讯有限公司[DB/OL].2011-07-10[2011-09-10].http://www. donetech.com.cn.

[227] FLEMING R A,KUSHNER C E.Spread spectrum localizers:US6002708[P].1999-12-14.

[228] URKOWITZ H.Signal theory and random processes[M].Dedham,MA:Artech House,1983.

[229] QI Y H,KOBAYASHI H.On relation among time delay and signal strength based geolocation methods[C]//GLOBECOM '03. IEEE Global Telecommunications Conference.San Francisco,CA,USA.IEEE,2003:4079-4083.

[230] GEZICI S.A survey on wireless position estimation[J].Wireless Personal Communications, 2008,44(3):263-282.

[231] GEZICI S,TIAN Z,GIANNAKIS G B,et al.Localization via ultra-wideband radios:a look at positioning aspects for future sensor networks[J].IEEE Signal Processing Magazine,2005,22(4):70-84.

[232] CHAN Y T,HO K C.A simple and efficient estimator for hyperbolic location[J]. IEEE Transactions on Signal Processing,1994,42(8):1905-1915.

[233] MALLAT A,LOUVEAUX J,VANDENDORPE L.UWB based positioning in multipath channels:CRBs for AOA and for hybrid TOA-AOA based methods [C]//2007 IEEE International Conference on Communications. Glasgow, UK. IEEE,2007:5775-5780.

[234] 齐辉.井下电磁波宽带传输特性及调制解调方案的研究[D].北京:中国矿业大学(北京),2008.